智能光电制造技术及应用系列教材

教育部新工科研究与实践项目
财政部文化产业发展专项资金资助项目

增材制造技术
实训指导

编著　刘旭飞　肖　罡　段继承

U0255218

湖南大学出版社·长沙

内 容 简 介

本书为"智能光电制造技术及应用系列教材"之一。全书共 3 个部分，7 个项目。第一部分包含 1 个项目，主要介绍了增材制造技术的实训准备；第二部分包含 5 个项目，以大族激光出品的 3D 打印设备为例，采用以实操案例为驱动的实训教学方式，介绍了生物医疗、模具、汽车、航空航天、模型及工艺品等领域的典型零部件增材制造案例。第三部分包含 1 个项目，以大族激光的 SLA 光固化 3D 打印设备为例，介绍了涡轮叶片和发动后轴的实训案例。每个部分后均附有练习题，旨在帮助学生更好地巩固本书重要内容与知识点。全书最后附有练习题参考答案。

本书可供全国中、高等职业技术院校相关专业师生参考使用，以及增材制造设备操作人员培训使用。

图书在版编目（CIP）数据

增材制造技术实训指导/刘旭飞，肖罡，段继承编著. —长沙：湖南大学出版社，2022.1
智能光电制造技术及应用系列教材
ISBN 978-7-5667-2414-4

Ⅰ.①增⋯　Ⅱ①刘⋯　②肖⋯　③段⋯　Ⅲ①快速成型技术—高等学校—教材　Ⅳ.①TB4

中国版本图书馆 CIP 数据核字（2021）第 270183 号

增材制造技术实训指导
ZENGCAI ZHIZAO JISHU SHIXUN ZHIDAO

编　　著：刘旭飞　肖　罡　段继承	
策划编辑：卢　宇	
责任编辑：金红艳	
印　　装：长沙创峰印务有限公司	
开　　本：787 mm×1092 mm　1/16	印　张：8.25　字　数：136 千字
版　　次：2022 年 1 月第 1 版	印　次：2022 年 1 月第 1 次印刷
书　　号：ISBN 978-7-5667-2414-4	
定　　价：48.00 元	

出 版 人：李文邦
出版发行：湖南大学出版社
社　　址：湖南·长沙·岳麓山　　　邮　　编：410082
电　　话：0731-88821006（营销部），88820006（编辑室），88821006（出版部）
传　　真：0731-88822264（总编室）
网　　址：http://www.hnupress.com
电子邮箱：549334729@qq.com

系列教材指导委员会

杨旭静　张庆茂　朱　晓　张　璧　林学春

系列教材编委会

主 任 委 员：高云峰

总 主 编：陈　焱　胡　瑞

总 主 审：陈根余

副主任委员：张　屹　肖　罡　周桂兵　田社斌　蔡建平

编委会成员：杨钦文　邓朝晖　莫富灏　赵　剑　张　雷

刘旭飞　谢　健　刘小兰　万可谦　罗　伟

杨　文　罗竹辉　段继承　陈　庆　钱昌宇

陈杨华　高　原　曾　媛　许建波　曾　敏

罗忠陆　邱婷婷　陈飞林　郭晓辉　何　湘

王　剑　封雪霁　李　俊　何纯贤

参编单位

大族激光科技产业集团股份有限公司　　大族激光智能装备集团有限公司

湖南大族智能装备有限公司　　　　　　江西科骏实业有限公司

湖南大学　　　　　　　　　　　　　　湖南科技大学

江西应用科技学院　　　　　　　　　　湖南铁道职业技术学院

湖南科技职业学院　　　　　　　　　　娄底职业技术学院

总　序

　　激光加工技术是 20 世纪能够与原子能、半导体及计算机齐名的四项重大发明之一。激光也被称为世界上最亮的光、最准的尺、最快的刀。经过几十年的发展，激光加工技术已经走进工业生产的各个领域，广泛应用于航空航天、电子电气、汽车、机械制造、能源、冶金、生命科学等行业。如今，激光加工技术已成为先进制造领域的典型代表，正引领着新一轮工业技术革命。

　　国务院印发的《中国制造 2025》重要文件中，战略性地描绘了我国制造业转型升级，即由初级、低端迈向中高端的发展规划，将智能制造领域作为转型的主攻方向，重点推进制造过程的智能化升级。激光加工技术独具优势，将在这一国家层面的战略性转型升级换代过程中扮演无可比拟的关键角色，是提升我国制造业创新能力，打造从中国制造迈向中国创造的重要支撑型技术力量。借助激光加工技术能显著缩短创新产品研发周期，降低创新产品研发成本，简化创新产品制作流程，提高产品质量与性能；能制造出传统工艺无法加工的零部件，增强工艺实现能力；能有效提高难加工材料的可加工性，拓展工程应用领域。激光加工技术是一种变革传统制造模式的绿色制造新模式、高效制造新体系。其与自动化、信息化、智能化等新兴科技的深度融合，将有望颠覆性变革传统制造业，但这也给现行专业人才培养、培训带来了全新的挑战。

　　作为国家首批智能试点示范单位、工信部智能制造新模式应用项目建设单位、激光行业龙头企业，大族激光智能装备集团有限公司（大族激光科技产业集团股份有限公司全资子公司）积极响应国家"大力发展职业教育，加强校企合作，促进产教融合"的号召，为培养激光行业高水平应用型技能人才，联合国内多家知名高校，共同编写了智能光电制造技术及应用系列教材（包含"增材制造""激光切割""激光焊接"三个子系列）。系列教材的编写，是根据职业教育的特点，以项目教学、情景教学、模块化教学相结合的方式，分别介绍了增材制造、激光切割、激光焊接的原理、工艺、设备维护与保养等相关基础知识，并详解了各应用领域典型案例，呈现了各类别激光加工过程的全套标准化工艺流程。教学案例内容主要来源于企业实际生产过程中长期积累的技术经验及成果，相信对读者学习和掌握激光加工技术及工艺有所助益。

系列教材的指导委员会成员分别来自教育部高等学校机械类专业教学指导委员会委员、中国光学学会激光加工专业委员会委员，编著团队中既有企业一线工程师，也有来自知名高校和职业院校的教学团队。系列教材在编写过程中将新技术、新工艺、新规范、典型生产案例悉数纳入教学内容，充分体现了理论与实践的紧密结合，是突出发展职业教育，加强校企合作，促进产教融合，迭代新兴信息技术与职业教育教学深度融合创新模式的有机尝试。

智能化控制方法及系统的完善给光电制造技术赋予了智慧的灵魂。在未来十年的时间里，激光加工技术将有望迎来新一轮的高速发展，并大放异彩。期待智能光电制造技术与应用系列教材的出版为切实增强职业教育适应性，加快构建现代职业教育体系，建设技能型社会，弘扬工匠精神，培养更多高素质技术技能人才、能工巧匠、大国工匠提供助力，为全面建设社会主义现代化国家提供有力人才保障和技能支撑树立一个可借鉴、可推广、可复制的好样板。

大族激光科技产业集团
股份有限公司董事长

2021 年 11 月

前 言

增材制造（又称 3D 打印）是以数字模型为基础，将材料逐层堆积制造出实体物品的新兴制造技术，对传统的工艺流程、生产线、工厂模式、产业链组合产生深刻影响，是制造业有代表性的颠覆性技术。

自 2015 年工业和信息化部、发展改革委、财政部联合印发《国家增材制造产业发展推进计划（2015—2016 年）》以来，增材制造产业发展开始上升到国家战略层面，国家分别从产业体系、技术创新与行业标准等方面对 3D 打印产业逐步进行政策推动与规范。但是，随着产业的迅速发展，增材制造领域专业应用人才需求缺口也逐渐凸显。工业和信息化部等十二部门联合制定的《增材制造产业发展行动计划（2017—2020 年）》行动目标中明确提出，需要健全人才培养体系，推进产学合作协同育才，扩大增材制造相关专业人才培养规模，加强配套支撑的课程设计、教材开发、师资队伍、专门实验室等方面的建设，建成一批人才培养示范基地。2020 年，科技部、发展改革委、教育部等部门联合制定了《加强"从 0 到 1"基础研究工作方案》，将 3D 打印和激光制造列入重大领域，推动关键核心技术突破，并提出加强基础研究人才培养。

为响应国家政策和全球范围内新一轮科技革命与产业发展潮流，推动创新增材制造产业的产学研用合作模式，鼓励增材制造产业在教育领域的推广，在教育部新工科研究与实践项目、财政部文化产业发展专项资金资助项目、湖南省文化产业引导资金项目等的资助下，编写完成了增材制造系列教材，此系列教材为智能光电制造技术及应用系列教材的一部分。本系列教材有以下特点：

（1）根据增材制造全流程合理安排布局四本系列教材，全面介绍了增材设备操作与维护、增材制造数据前处理、增材制造后处理过程，并设置多领域应用实训案例进行知识点串联巩固。

（2）为了加强理论和实践的结合，更好地配合课程学习以及实践操作，在设置理论知识讲解的同时，对设备或软件按照实际操作流程与逻辑进行讲解，既做到常用特色重点介绍也做到流程步骤全面覆盖。

（3）本系列教材在对增材制造全流程操作步骤、方法等进行详解的基础上，还注重对读者工艺认知的培养，使读者知其然并知其所以然。

（4）为了提升授课质量和效率，提高学生的学习兴趣，本系列教材按部分、项目、任务的格式编写，并加入大量的配图，使知识内容更加直观易懂。每个任务所学即所得，使每个课堂都有收获。

（5）本系列教材针对三维数模和重点操作内容设置二维码链接，供读者下载使用，以便进行知识的加强巩固和操作的课后练习等。

本书由刘旭飞、肖罡、段继承编著。参编人员包括杨钦文、戴璐祎、许建波、仪传明、雷智钦、曾敏、高彬。本书是增材制造系列丛书中的实训指导教材，旨在培养学生严谨的科学态度与实践应用能力，使其初步具备发现问题、分析问题、解决问题的实操能力。同时，本书从强化培养操作技能、掌握实用技术的角度出发，较好地体现了当前最新的实用知识与操作技术。

本书在编写过程中得到了大族激光智能装备集团有限公司、湖南大族智能装备有限公司、江西科骏实业有限公司等企业，以及湖南大学、湖南科技大学、江西应用科技学院、湖南铁道职业技术学院等院校的大力支持，在此表示衷心感谢。

本书所采用的图片、模型等素材，均为所属公司、网站或者个人所有，本书仅作说明之用，绝无侵权之意，特此声明。

由于作者水平有限，书中难免存在不妥之处，希望广大读者发现问题时及时批评与指正。

作 者
2021 年 11 月

目　次

第三部分　立体光固化技术实训案例

第一部分

基础知识

项目 1

实训准备

项目描述

增材制造技术（俗称3D打印技术）日渐成熟，在航空航天、汽车、船舶、核工业、模具等领域均得到了广泛的应用，并不断深化。如在航空航天等领域中进行制造、修复以及再制造，在汽车、船舶、核工业、模具等领域进行产品设计、快速原型制造，其主要的需求市场仍集中于工业领域。

本项目详细介绍了增材制造的基础知识与实训准备，使学生能够对增材制造的具体加工流程、使用工具、安全生产与实训安全进行系统的了解和认识，为下一步案例实训的学习和操作奠定基础。

任务 1　激光选区熔化技术加工流程

在对具体打印案例进行介绍之前，首先需要对增材制造加工流程有整体的认识与了解，初步掌握激光选区熔化（selective laser melting，SLM）技术整个打印流程的操作过程，为后续 SLM 技术实训案例的学习和操作奠定基础。

1）SLM 技术打印流程

以大族激光的 3D 打印平台 HANS M100 为例介绍激光选区熔化技术的整个 3D 打印流程（见图 1.1），具体流程如下：

（1）在计算机上利用 SolidWorks，Creo，UG，CATIA 等三维建模软件设计出零件的三维模型，并另存为 STL 格式。

（2）打开 Materialise Magics 软件，新建 M100 的加工平台后，再将 STL 格式的三维模型导入 Materialise Magics 软件，在导入过程中点击"自动修复"和"自动摆放"。

（3）根据模型的形状和摆放位置，判断是否需要添加支撑。若需要添加支撑，则

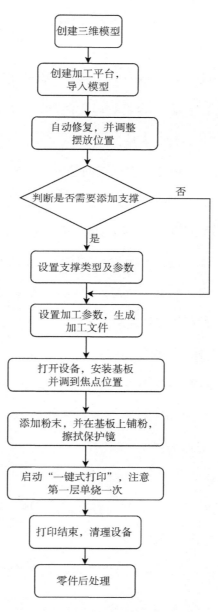

图 1.1　SLM 技术打印完整流程图

选择合适的支撑类型，并设置合理的支撑参数以提供足够强的承载能力，防止打印过程中因支撑强度不足导致零件局部翘起或塌陷影响成型，同时还需要考虑支撑是否容易去除。

（4）在 Materialise Magics 软件中设置好切片厚度、光斑补偿、单位、格式等参数，得到各截面的轮廓数据，轮廓数据填充扫描路径，并设置激光功率、扫描速度、扫描间距等打印参数，生成加工文件。

（5）打开加工文件中的 MatAMX 格式文件，检查激光参数和加工路径是否正确。

（6）打开 M100 设备，借助 U 盘将打印文件拷贝到打印设备，打开 HANS-MCS 软件，读取路径规划后的 JOB 加工文件。

（7）根据成型材料类别选择热导率近似的基板，安装基板后将高度调到激光焦点位置。

（8）往供粉槽里面添加至少 2 倍零件高度的指定金属粉末，并用平铲将粉末压实。

（9）手动来回移动刮刀，将供粉槽的粉末铺平，等粉末铺平并高于水平位置时移动刮刀到终止点，并在基板上铺上一层薄薄的粉末；然后用无尘擦镜纸蘸取工业无水乙醇，轻轻地由内向外擦拭保护镜；最后安装抽气口并关上舱门。

（10）点击"一键式打印"，需注意在第一层打印时点击"暂停"，单烧一次。

（11）打印结束后，等待几分钟再将零件取出并对粉末进行清理，最后清理设备。

（12）对需要进行热处理的零件，将基板放进热处理炉并选择合适的热处理工艺；对不需要热处理的零件，则直接利用线切割设备将零件从基板上割下，再放入超声波清洗设备中清洗污渍。

（13）用钳子去除支撑，再对零件进行打磨抛光处理，最后进行喷砂或电镀处理。

2）主要的成型技术指标

经 SLM 成型后的试样，需要对其进行力学性能测试和表征分析。在实训教学时，主要测试试样的力学性能。以 316L 不锈钢为例，测试成型试样的致密度、精度、硬度和拉伸强度。

（1）致密度。

对 SLM 成型件而言，致密度是指试样的实际密度与标准材料理论密度的比值。实际密度 ρ_γ 可根据阿基米德排水法测得，其计算公式为

$$\rho_\gamma = \frac{(m_1 - m_2)}{m_1 \rho_w}$$

式中：m_1，m_2 分别为试样在空气中和水中的质量，ρ_w 为水的密度，ρ_0 为成型材料的理论密度。

致密度是 SLM 成型件最主要的性能，致密度高说明零件内部孔隙少，致密度低说明零件内部孔隙多。影响致密度的因素有很多，其中最主要的是打印工艺参数。

（2）精度。

对 SLM 零件而言，精度一般需要控制在 ± 0.05 mm 以内。

（3）硬度。

对 316L 不锈钢 SLM 成型件而言，硬度一般在 200 HV（维氏硬度）左右。试验方法主要是对线切割后成型小方块表面进行打磨抛光，再用显微维氏硬度计进行多次打点测出平均硬度。

（4）拉伸强度。

根据《金属材料 拉伸试验 第 1 部分：室温试验方法》GB/T 228.1—2010 设计拉伸试样，不同的成型角度对试样的最大拉伸强度和延伸率都会有影响。316L 不锈钢 SLM 成型件的拉伸强度一般在 600 MPa 以上，延伸率在 30％以上。

任务 2 立体光固化成型技术加工流程

在对具体打印案例进行实际操作之前，首先需要对立体光固化成型（stereo lithography apparatus，SLA）技术加工流程有整体的认识与了解，初步掌握整个打印流程的大致操作，为后续实训案例的操作和学习奠定基础。

1）SLA 技术打印流程

以大族激光的光固化设备 HANS-SLA-600 为例介绍立体光固化成型技术的整个 3D 打印流程（见图 1.2），具体流程如下：

（1）根据产品的要求利用三维计算机辅助设计（computer aided design，CAD）软件设计三维模型，或者利用三维扫描系统对已有的实体进行扫描，并通过反求技术得到三维模型。

（2）制件会因多种因素出现收缩变形，某些复杂结构的制件需要添加工艺支撑结构，某些制件的阶梯效应需要采取工艺措施减小等，因此制造实体模型前需要通过软件设定一些工艺措施对数字模型进行修饰、调整或补偿。目前有两种主要方式，一种是直接对 CAD 三维模型数据进行修改或调整，另一种是对扫描路径数据进行修改或调整。

（3）直接对 CAD 三维模型数据进行修改或调整是指在三维设计软件上对模型进行修改，方式有：调整模型在制作时的方向，调整模型的大小，设定一次性制作多个模型，设定模型在升降工作台上的位置。确定 CAD 三维模型数据后，将 CAD 三维模型文件转换为 STL 格式的文件。

（4）将 STL 格式文件导入专用切片软件 Materialise Magics 中，并根据模型形状和成型工艺的要求选定成型方向，调整模型大小及摆放姿态。

（5）根据打印的工艺要求，需要对模型添加工艺支撑。软件里已提供自动添加支撑的功能，有需要也可手动添加支撑，有助于减少零件的翘曲变形。为了成型完毕之后能够顺利取出零件而不破坏零件底部与基板的接触面，零件底部也同样需要添加支撑结构。此外，在添加支撑之前可以根据需求在切片软件中设置支撑的数量、直径和支点接触面积等参数。

（6）选择打印参数，包括打印层厚、激光功率、扫描速度、扫描路径和树脂材料的温度等。切片间隔越小，精度越高，间隔的取值范围一般为 0.025～0.3 mm。

（7）所有要素确定完毕后，软件可将三维模型沿高度方向进行切片处理，提取断面轮廓的数据，完成后生成 SLC 格式的加工文件。

（8）将 SLC 格式的加工文件导入设备中，在软件系统上进行操作即可进行模型的打印。针对成型树脂选择相应的优化工艺参数，其过程是模型截面形状的制作与叠加合成。该过程由计算机全程控制，只需等待打印结束即可。

（9）成型结束后，利用升降台将制件提升出液面后，使用薄片状铲刀插入成型件与升降台板之间，即可取出成型件。

（10）如果制件内部残留有液态树脂，则在后固化处理或成型件储存的过程中，残留树脂发生暗反应固化收缩进而引起成型件变形，因此需将制件中残留的液态树脂排出。当有液态树脂封闭在制件内部时，须在设计 CAD 三维模型时预开一些排液的小孔，或者在成型后用钻头在制件适当的位置钻几个小孔，将液态树脂排出。

（11）表面清洗。可以将制件浸入溶剂或者超声波清洗槽中清洗掉表面的液态树脂。如果用的是水溶性溶剂，需用清水洗掉成型件表面的溶剂，再用压缩空气将水吹除，最后用蘸上溶剂的棉签去除残留在成型件表面的液态树脂。

（12）后固化处理。当用激光照射成型的制件硬度还不满足要求时，有必要再用紫外灯照射的光固化方式和加热的热固化方式对制件进行后固化处理。用光固化方式进行后固化处理时，建议使用能透射到制件内部且强度较弱的长波长光源进行辐照。需注意树脂固化会产生内应力，从而使温度上升导致树脂软化，这些因素会使制件发生变形或者出现裂纹。

（13）去除支撑。用剪刀和镊子先将支撑去除，如对模型表面有更高的要求，可对表面进行打磨抛光、上色等后续处理。对比较脆的树脂材料，如在后固化处理后去除支撑，则易损伤制件，因此建议在后固化处理前去除支撑。

（14）打磨抛光。SLA 成型的制件表面都会有 0.05～0.1 mm 的层间阶梯效应，会影响制件的外观质量，因此需要用砂纸打磨制件的表面去掉层间"台阶"，最后抛光获得光亮表面。如有需要还可以对制件表面进行喷漆处理。

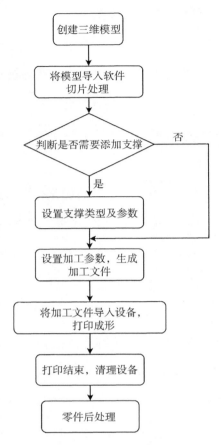

图 1.2　SLA 技术打印完整流程图

2) 主要的成型技术指标

经 SLA 成型后的试样，需要对其进行精度测量。产生精度误差的原因有：

（1）前期数据处理误差：STL 格式文件转换误差和分层处理误差。

（2）成型加工误差：

① 机器误差：托板 Z 方向运动误差、XY 方向同步带变形误差、XY 方向定位误差。

② 树脂收缩变形产生的误差。

③ 加工参数设定误差：光斑补偿设置误差、激光参数设置误差、扫描方式产生的误差。

（3）后处理误差：去除支撑引起变形误差和后固化及表面处理产生的误差。

任务 3 辅助工具及注意事项

了解 SLM 技术打印过程中常用的工具及作用，学习工具的维护与保养，掌握打印过程中需要的事项。

1）常用工具及其使用方法（见表 1.1）

表 1.1 SLA 技术打印常用辅助工具

标 志	说 明
	带侧面保护的安全眼镜（符合 EN 166）：避免眼睛直接与金属粉末接触
	3M 防尘口罩（过滤器类别 P3）：防止操作过程中吸入金属粉尘
	防护手套：防止皮肤接触金属粉末
	毛刷：清扫金属粉末
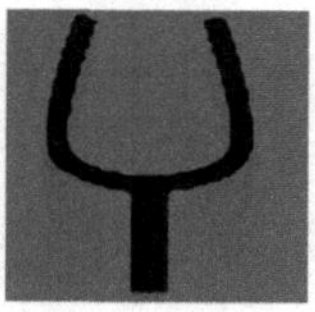	料铲：装填金属粉末

续表

标　志	说　明
	平铲：压实供粉槽粉末，减少粉末间隙以提高打印件致密度
	深度尺：测量基板上表面与基准平面的距离，以调整基板位置
	无尘纸：用工业无水乙醇沾湿后擦拭保护镜，维持保护镜清洁
	工业专用吸尘器：进行打印操作时手持以防止吸入金属粉末，同时清理零件表面的残余粉末
	游标卡尺：精确测量样品的尺寸

2）工具的维护与保养

（1）工具的维护：

① 所有的工具应定期检查与保养。

② 各种工具应备有检查与维护记录卡，并详细记录各项保养维护数据。

③ 如遇故障或损坏，应立即检查维修。

④ 工具损坏时，应找出损坏的原因。

⑤ 工具使用前应知道正确的使用方法。

⑥ 长久不使用的工具，仍须保养维护。

⑦ 各项手动工具必须依照所设计的用途使用。

⑧ 工具未装牢前，禁止使用。

⑨ 工具应在静止状态下实施养护。

⑩ 若携带尖锐的工具，不可刺伤他人。

⑪ 绝不使用已损坏、松动或有缺陷的工具。

⑫ 工具已达使用年限或使用极限，禁止再使用。

⑬ 工具维护时，以不破坏原设计为原则。

（2）工具的保养：

① 清洁。设备内外保持干净，各部位不漏油、不漏气，设备周围的切屑、杂物、脏物要清扫干净。

② 整齐。工具、附件、工件（产品）要放置整齐，管道、线路的布置要有条理。

③ 润滑良好。深度尺和游标卡尺按时加油或换油，需保证不断油。

④ 安全。遵守安全操作规程，不超负荷使用设备，设备的安全防护装置齐全可靠，及时消除不安全因素。

3）注意事项

在实训之前需要对实训过程的安全知识进行系统的了解，以减少实训期间潜在的安全隐患。

（1）开机前需进行检查。

（2）金属 3D 打印机使用半导体光纤激光发生器，打印时会产生有害废气，所以在打印这些特殊材料时，有必要对吸尘装置排出的废气进行净化处理后再排放到大气中。

（3）金属 3D 打印机的激光器射出的光束和经镜片反射或漫反射的光束都可能对人体（尤其是眼部）造成伤害，在场人员应注意防护。另外由于激光能量与温度高，也要防止发生火灾。

（4）严禁打印过程中打开舱门。

（5）每次打印前都需要用无尘纸蘸取工业无水乙醇擦拭保护镜。

（6）打印前后必须戴好手套与 3M 防尘口罩，防止吸入粉尘。

（7）设备不使用时需关机。

练习题

1. 三维建模主要利用哪些软件？

2. 致密度是什么？

3. 无尘纸的用途是什么？

4. 深度尺的用途是什么？

5. 请简述打印流程。

6. 成型技术指标主要有哪些？

7. 支撑强度不足容易引起什么现象？

8. 降低零件表面粗糙度的后处理方法有哪些？

9. 如何提高零件的致密度和力学性能？

10. 影响光固化模型精度误差的因素有哪些？

第二部分

激光选区熔化技术实训案例

生物医疗领域

项目描述

近年来，3D打印技术在医疗领域的应用越来越广泛，其主要应用实例有人体植入物、手术导板、医疗器械等。每个人的骨骼形态都是独一无二的，3D打印技术能够根据每个人原生骨骼的特征进行个性化定制，生产出与原生骨骼完全匹配的产品，从而减少植入物（或假体）对人体的影响，最大限度地恢复人体骨骼的正常功能。3D打印技术在生物医疗领域的主要优势在于结构精准。3D打印技术熔化的钛粉层厚度，与骨小梁的厚度接近，能够打印出贯通的粗糙网孔结构，促进成骨细胞的黏附、增殖，以实现植入物与骨组织的生物固定，达到骨愈合的目的；3D打印技术还可以通过调整孔径、孔隙率的大小来调节植入物的密度、强度和弹性模量，模仿天然的松质骨和皮质骨结构，使植入物外形和力学性能与人体自身骨达到双重适配。

在牙科行业中，3D打印技术可应用在矫正器（舌侧矫正器、隐形矫正器牙模）、种植牙（牙冠、牙根、基台、手术导板）、可摘义齿（金属支架、冠桥、铸造模型）、牙科模型、个性化托盘等方面。

本项目详细介绍了增材制造在医疗领域的应用，使学生能够对义齿、支架和医疗植入物模型的前处理及打印完成的后处理进行系统的了解和认识，基本具备处理模型、添加支撑和熟悉设备操作的能力。

任务1 牙 冠

在牙冠制造方面，传统加工采用铸造的方式，历经印模/模型、蜡型、铸道安装、包埋、失蜡、铸造、表面处理、饰面等过程，以人工为主导，且存在制造蜡型的材料蜡在加工过程中易收缩变形和金属内冠铸造工艺中的金属易变形的缺陷，另外牙冠佩戴的合适度和舒适度高度依赖人工经验与技师技能水平。

在对牙冠模型进行打印的过程中，需要了解打印的金属粉末成分和特性，掌握前处理步骤和选用合适的支撑类型以保证能够提供足够的支撑，同时减少金属粉末的浪费，还需掌握对牙冠的后处理操作。

1）零件模型介绍

（1）三维模型。

从图2.1可以看出，单个牙冠形状不规则且其内部是空心的，在处理模型的时候需要将开孔朝上，避免支撑加在内部影响内表面质量。

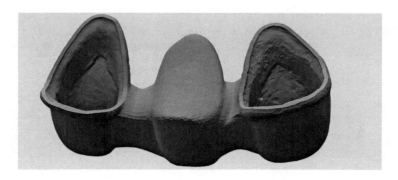

图2.1 牙冠模型

（2）成型技术目标。

要求牙冠尺寸精度在±0.05 mm之内，致密度大于99%。

2）成型材料介绍（见表2.1）

表 2.1 钴铬合金参数

钴铬合金	化学成分	钴	铬	钼	钨	其他
	质量百分比	61.5%	28.1%	5.3%	5.0%	0.1%
粉末特性	颜色	铸造温度	熔化温度	理论密度		线胀系数
	银灰色	1 550 ℃	1 350~1 385 ℃	8.6 g/cm³		14.1×10⁻⁶ K⁻¹

3）打印流程

（1）创建/导入机器设置。

启动 Materialise Magics 软件，如图 2.2 所示，进入主界面。

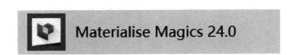

图 2.2　Materialise Magics 软件图标

（2）创建加工平台，有以下两种方式。

方式 1：从加工处理器管理器导入加工平台。在加工准备页面点击"加工处理器管理器"，如图 2.3 所示，可以看到已连接的打印机，选择 3D 打印机型号为 HANS M100。

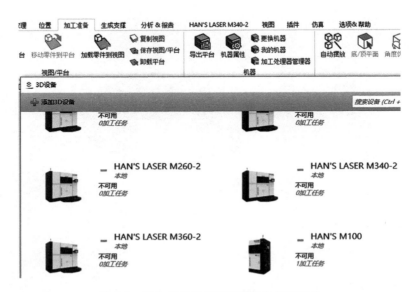

图 2.3　从加工处理器管理器导入加工平台

方式2：手动添加预设的加工平台。在菜单栏点击"加工准备"选项卡，点击"新平台"，在弹出菜单中选择机器"HANS M100"，单击"确定"载入打印平台，如图2.4所示。

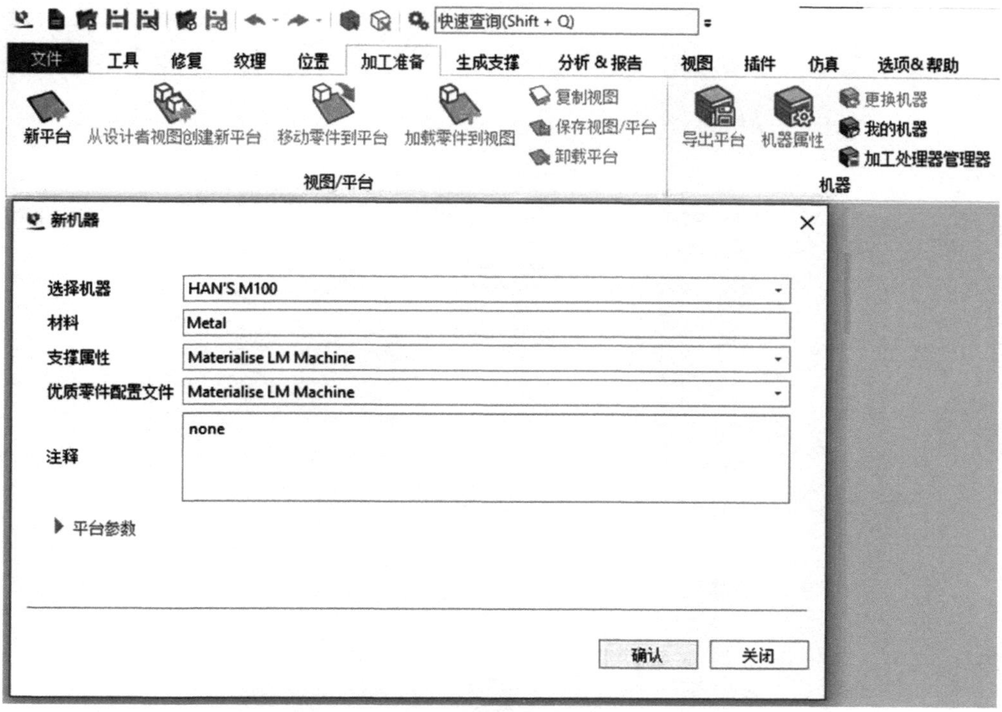

图 2.4 创建新平台

若没有事先创建平台或已有平台中没有该机器的参数，可创建一个新平台，具体操作步骤如下。

步骤1：在加工准备功能区点击"我的机器"，将弹出图2.5所示对话框，点击"新建"，机器列表将出现一个新的机器，选中新建机器后右键单击，选择"编辑"，将弹出图2.6所示的机器属性页面，即可编辑相关参数。

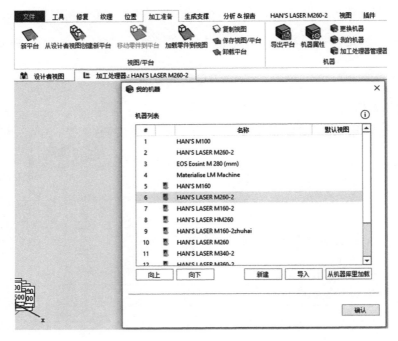

图 2.5　创建新平台

步骤 2：在弹出的机器属性页面修改通用信息栏的机器名称、平台尺寸信息。

图 2.6　机器属性页面修改信息

步骤 3：点击"默认零件"→"添加非加工区域"，可通过添加非加工区域指定零件不能加工的区域（在自动摆放和分析工具中将考虑到非加工区域），选中某一非加工区域后，可在对话框右方修改非加工区域形状与尺寸参数，如图 2.7 所示。

若选择形状为"矩形"，可设置矩形截面的中心位置、XY 方向的宽度以及起始高度和结束高度；若选择形状为"圆柱体"，可设置圆柱体截面的中心位置、半径以及起始高度和结束高度。若已选择"完整的平台高度"，高度参数则无法设置。

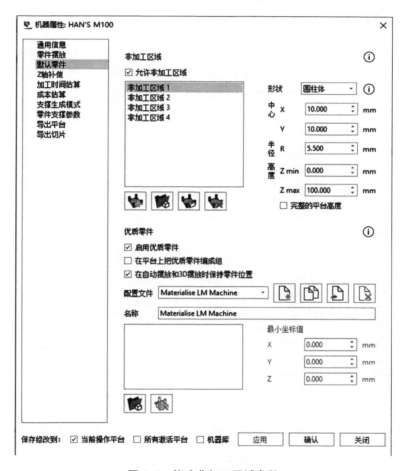

图 2.7 修改非加工区域参数

步骤 4：点击"零件支撑参数"，选择支撑类型为"非实体"支撑，默认支撑类型为"块状"支撑，如图 2.8 所示。

图 2.8　选择零件支撑参数

步骤 5：各参数确定好之后点击"应用"，再点击"确定"退出机器属性页。创建好平台之后再次导入 Materialise Magics 软件，加工环境准备完毕。

（3）模型处理与摆放。

步骤 1：点击"导入零件"，在弹出窗口中选择要导入的模型文件，可勾选"自动摆放"和"导入时自动修复"，预先对模型进行修复和摆放工作，点击"开启"即可导入零件，如图 2.9 所示。

图 2.9　导入模型

步骤 2：导入零件前，由于 STL 文件没有单位，软件会弹出警告对话框，询问零件的单位制，确认零件单位是"mm"而非"inch"，故应选择否。勾选"应用到所有小零件"后再点击"否"，可使软件不再对其他零件问询，如图 2.10 所示。

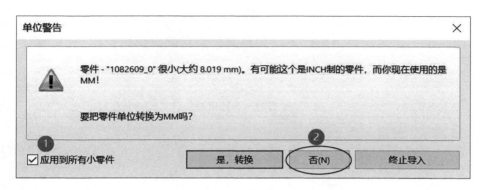

图 2.10　零件单位制

步骤 3：导入设计好的 STL 文件后，在菜单栏进入修复功能区，点击"自动修复"，修复三维模型在数据传输或保存时意外产生的问题。若导入零件时已勾选"自动修复"，可跳过该步骤。

步骤 4：若导入时未选择自动摆放，而是保持原始选项，导入零件后各零件会在系统原点位置重叠，如图 2.11 所示。先将零件自动摆放，零件间隔与离平台边缘的距离按需求调整。

图 2.11　自动摆放

步骤 5：选中零件后，在加工区域空白处单击右键，从快捷菜单选择"移动零件"，并按住左键拖动蓝色坐标轴线的交叉区域，将所有零件移动至加工平台中央位置，注意避开非加工区域，如图 2.12 所示。

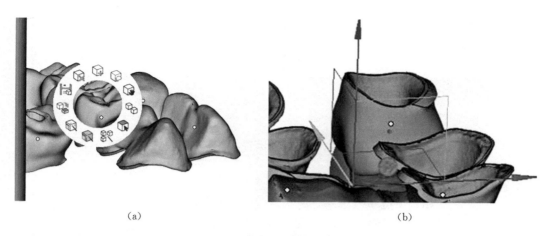

（a）　　　　　　　　　　　　　（b）

图 2.12　移动零件

步骤 6：观察零件，结合重要表面位置、支撑去除等多方面因素决定摆放方向。如牙齿为小尺寸壳状零件，壳开口朝下将导致支撑难以去除，故应将开口朝上，让支撑接触外表层，方便后处理去除。因此，需将默认摆放方向选择 180°，框选所有零件，右键选择"旋转零件"，在 X 轴输入角度值"180"后点击"应用"→"关闭"，退出零件旋转，如图 2.13 所示。

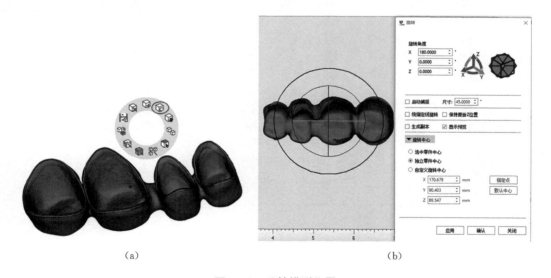

（a）　　　　　　　　　　　　　（b）

图 2.13　反转模型位置

步骤 7：首先选择从正视图、左视图等不同视角观察零件，由于牙齿是空心的，需要将牙齿模型摆正，开口朝上以避免牙齿壳体内部添加支撑。一般打印的义齿数量较多，首先在空白处单击鼠标左键，可以看到模型由选中状态的白点变成未选中状态的红点；然后在"零件工具页"空白处单击鼠标右键选择"隐藏未选择零件"，即可将模型全部隐藏，如图 2.14、图 2.15 所示。

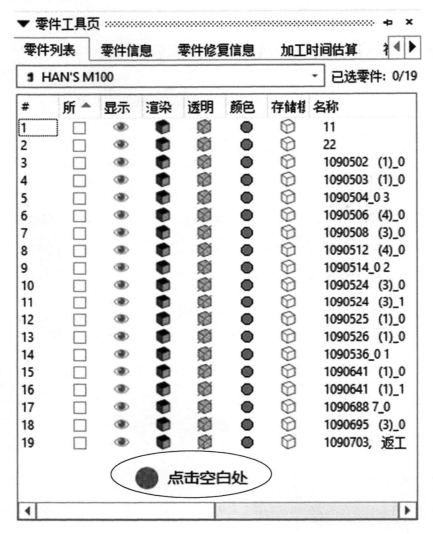

图 2.14　点击空白处

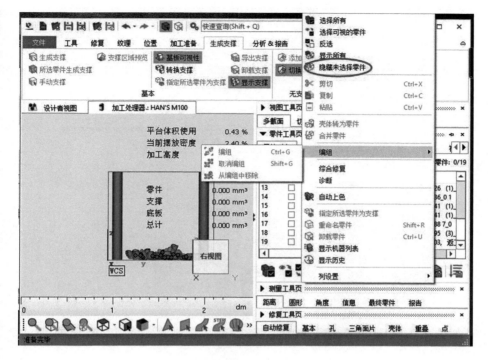

图 2.15　隐藏模型

步骤 8：此时零件列表"显示"栏由蓝色变成灰色，从上往下逐一点击"显示"后，对每一颗义齿的位置进行调整，点击正视图和左视图将模型旋转至水平位置，如在右视图下旋转调整多颗牙齿的角度，再按住鼠标左键转动圆环旋转一定角度使牙齿大致水平，如图 2.16 所示。

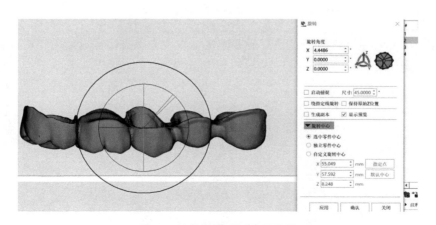

图 2.16　旋转模型到水平位置

步骤 9：角度调整后再次调整各牙齿的摆放位置，选择所有零件后单击鼠标右键选择"手动平移零件或根据输入坐标平移零件"，弹出如图 2.17 所示的对话框，输入 Z 轴移动后的坐标，使所有零件与平台的距离保持 3 mm，以获得合适的支撑高度，最后点击"应用"→"关闭"退出零件平移。

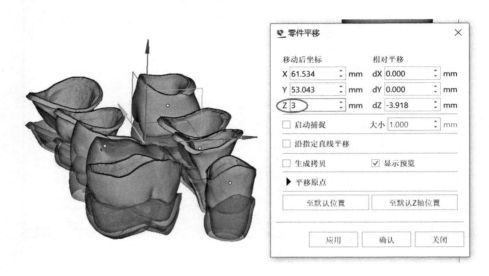

图 2.17　调整模型高度

（4）添加支撑。

步骤 1：在菜单栏点击"生成支撑"选项卡→"支撑区域预览"，将面角度由系统默认的 86°改为 45°，可看到所有需要添加支撑的面被高亮颜色标记，如图 2.18 所示。一般通过该方法可确定需要添加支撑的位置，而对于有关支撑类型的选择，不仅需要考虑支撑强度能否承载住模型，还需要考虑是否方便去除打印完成后的支撑。

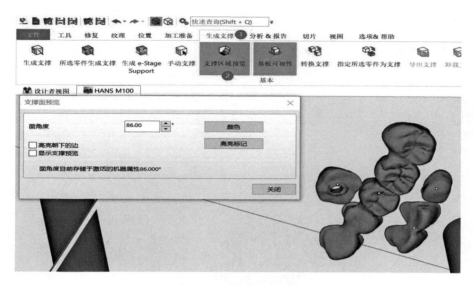

图 2.18　支撑区域预览

步骤 2：由于 Materialise Magics 软件一次只能对一个零件添加支撑，故应将需要添加支撑的零件合并后才添加支撑，这样就可实现一次添加多个零件的支撑。如图 2.19 所示，选中 3 个较小牙齿，点击工具选项卡，选择"合并零件"，将多个零件合为一体。

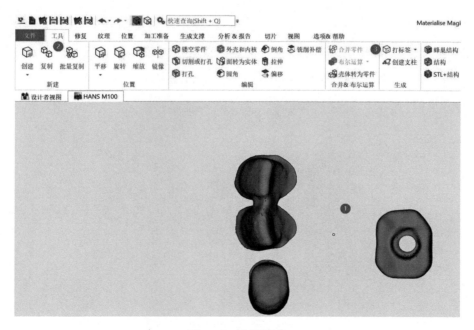

图 2.19　合并零件

步骤 3：返回生成支撑选项卡，点击"生成支撑"，系统将对合并起来的三颗牙齿自动生成支撑并跳转到如图 2.20 所示的页面。

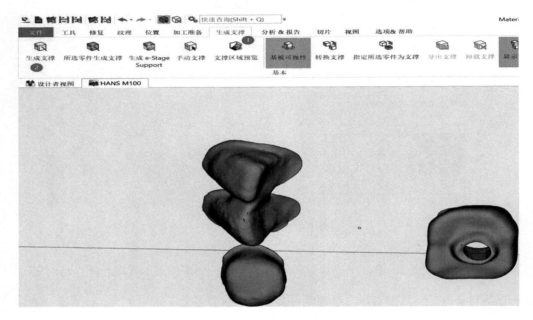

图 2.20　生成支撑

步骤 4：由于默认生成的支撑不满足打印的需求，支撑结构过于松散，在打印过程中无法发挥支撑的作用，故需重新生成支撑。首先选择第一个支撑按住"Shift"键，然后选择最后一个即可选择所有支撑，单击鼠标右键从弹出的菜单栏中选择"合并面"，这样将所有支撑合并为一个支撑，如图 2.21 所示。

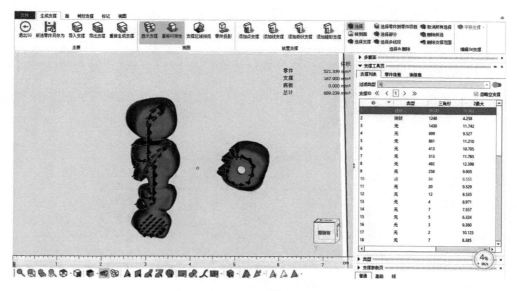

图 2.21　合并支撑

步骤5：点开支撑参数页，修改默认生成的支撑，点击支撑参数页的"类型"，支撑类型选择"块状"，再点击旁边"块状"选项栏和"高级"选项栏修改块支撑参数，如图 2.22 所示。

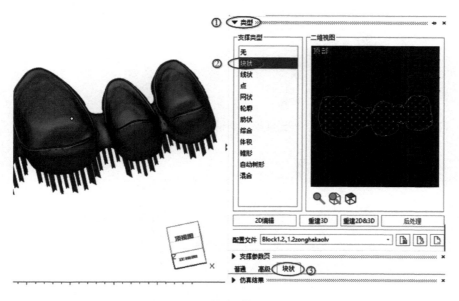

图 2.22　选择块状支撑

步骤 6：修改块状支撑的参数，需保证一定的强度，同时设计的块状支撑应容易去除。

① 块支撑由 X 和 Y 方向的线组成的网格构成，称为填充线，如图 2.23 所示。点击支撑参数页的"块状"，选择"填充线"和"交叉处切割"可设置这些线之间的距离和绕 Z 轴的旋转角度。

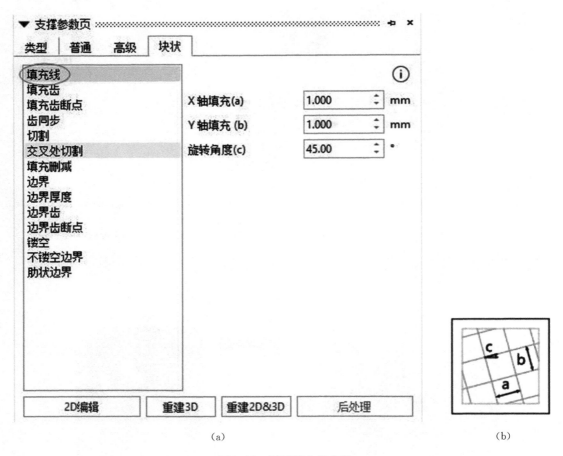

（a）　　　　　　　　　　　　　　　　　　　　　　　　　（b）

图 2.23　设置填充线参数

② 为方便支撑移除，支撑的顶面和底面可以设置为齿形。选择"填充齿"和"边界齿"可设置相应的参数，如图 2.24、图 2.25 所示。

（a）

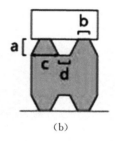

（b）

图 2.24 设置填充齿参数

图 2.25 设置边界齿参数

③ 为了方便移除支撑，选择"切割"选项在填充中生成间隙，并设置切割参数，如图 2.26 所示。

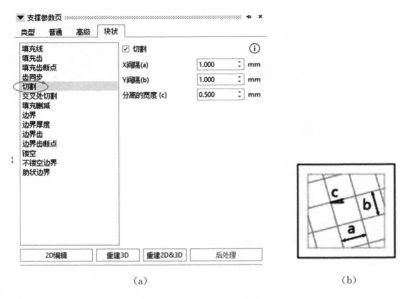

（a）   （b）

图 2.26　设置切割参数

④ 设置导热支撑参数，在已存在的支撑中生成实体支撑，帮助激光热能从零件传导到基板中，如图 2.27 所示。

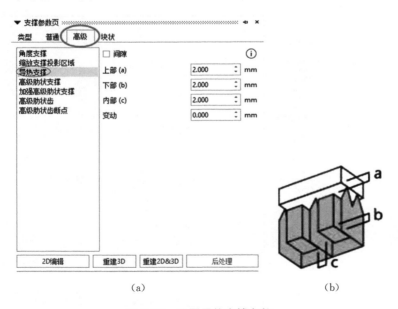

（a）   （b）

图 2.27　设置导热支撑参数

⑤ 为了方便移除支撑，设置高级肋状支撑参数，并将肋状支撑改成齿形，如图 2.28、图 2.29 所示。

图 2.28　设置高级肋状支撑参数

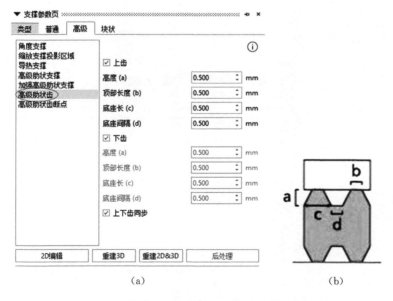

（a）　　　　　　　　　　　（b）

图 2.29　设置高级肋状齿参数

步骤 7：修改填充线、填充齿、切割等的参数后，点击"重建 2D&3D"，即可生成修改后的支撑，如图 2.30 所示。

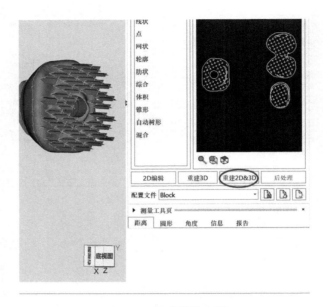

图 2.30　生成块状支撑

步骤 8：对形状精度要求较高的种植牙需添加锥形实体支撑以抑制其变形。将此前合并的面复制一个副本，此面支撑类型保持默认的无，如图 2.31 所示。

图 2.31　创建新的面

步骤 9：在生成支撑功能区中选择"添加锥形支撑"，在弹出窗口中设置锥形支撑尺寸信息，点击"指定"后在孔洞周围单击一圈生成锥形支撑，添加完成后点击"确定"，锥形支撑添加完毕，如图 2.32 所示。

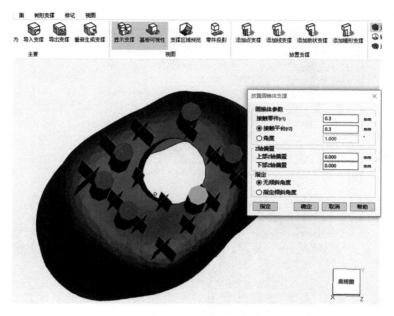

图 2.32　添加锥形支撑

步骤 10：选择"退出 SG"，弹窗询问是否保持支撑，选择"否"。

步骤 11：选择剩下的大牙冠，按照上述步骤自动生成支撑，合并支撑后将默认支撑改为块支撑，并修改支撑参数。由于三颗以上牙冠连接在一起，体积较大，容易变形，故需再次添加实体锥形支撑，抑制其变形，先复制面再设置锥形支撑参数，步骤同步骤 9～10，如图 2.33 所示。

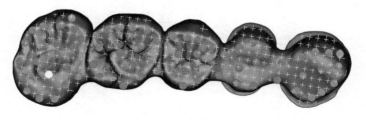

图 2.33　大牙冠的完整支撑

（5）设置加工参数。

步骤1：在材料选项选择"＋"添加材料，在新创建的材料上进行编辑。此材料拥有所有加工参数信息配置，如图2.34所示。

图2.34　添加新材料

步骤2：在HANS M100功能区点击"配置机器"，在弹出页面选择"参数编辑器"，设置相应加工参数。若此前设有设置过相关加工参数，可设置新的加工参数，如图2.35所示。

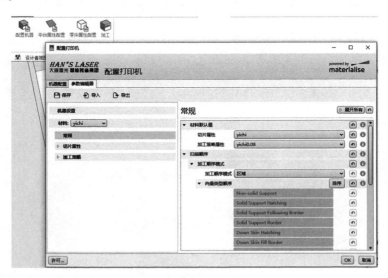

图2.35　设置加工参数

步骤 3：在切片属性处点击"＋"创建新的切片配置文件。设置切片层厚，切片属性处所有配置文件都保存在对应的"材料"内，如图 2.36 所示。

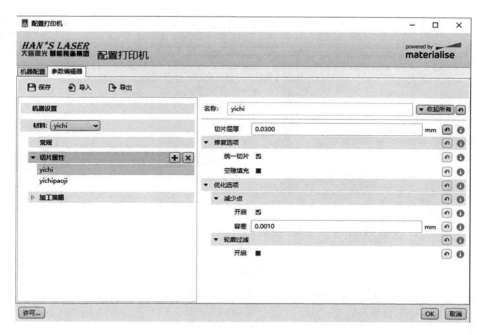

图 2.36　设置切片属性

步骤 4：在加工策略处添加新的加工策略配置文件，设置各部分的加工策略。所有加工策略都保存在对应的"材料"配置文件中。

① 切片：定义铺粉的层厚，注意应与上一步骤中"切片属性"的"切片层厚"保持一致，否则无法显示，如图 2.37 所示。

② 重缩放：通过在 X，Y，Z 轴上设置缩放系数补偿零件冷却后的收缩，缩放中心设置在平台中心，即（0，0，0），定义零件相对于哪一点进行缩放，如图 2.37 所示。

图 2.37　切片和重缩放

③ 路径生成：定义各种加工策略让扫描向量填充切层。零件轮廓，指填充区域的外轮廓，即定义零件外表面。光斑补偿，指定义原始切片轮廓与最外层轮廓之间的距离，补偿熔池宽度。起始点重新分布，指每一层零件轮廓的起始点将随机分布，避免在零件表面形成明显的标记。优化，指提高在特定几何结构下的零件轮廓质量，如图2.38 所示。

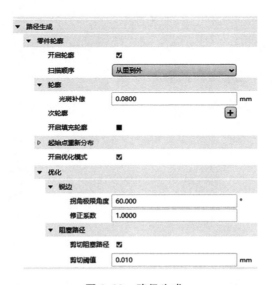

图 2.38　路径生成

④ 内表面：在上表面和下表面之间，每一层里面的区域定义为零件的主体。应用跳转角度，指在区域内将有相应角度范围的向量生成。填充图案类型，指激光路径的形状，即扫描策略。路径距离，指相邻路径向量的距离。旋转增量，指每层之间旋转角度的增量，如图 2.39 所示。

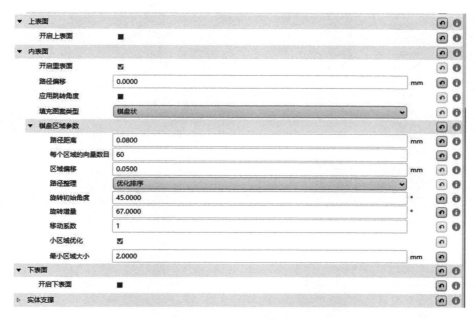

图 2.39　内表面参数

⑤ 实体支撑：可以有不同的扫描参数，从而产生不同的向量类型，如图 2.40 所示。

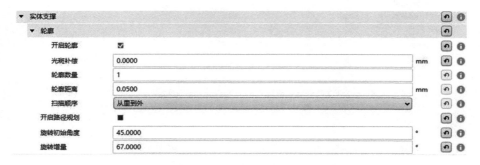

图 2.40　实体支撑参数

⑥ 优化工艺参数主要是改动路径规划里面的参数，如图 2.41 所示。

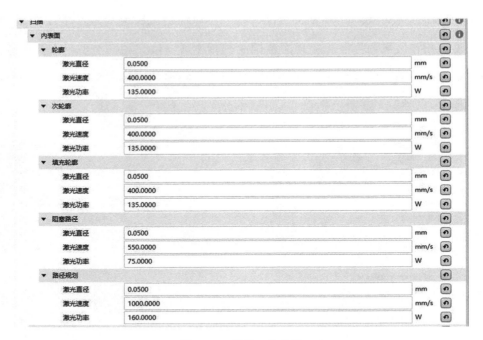

图 2.41 优化工艺参数

⑦ 设置支撑打印参数，如图 2.42 所示。

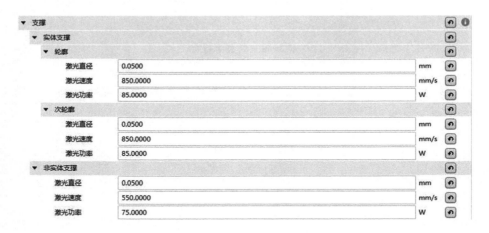

图 2.42 设置支撑打印参数

步骤 5：设置好加工策略后点击"OK"完成加工参数设置，方便下次调用。

步骤 6：打开"平台属性配置"，选择设置好的加工策略，如图 2.43 所示。

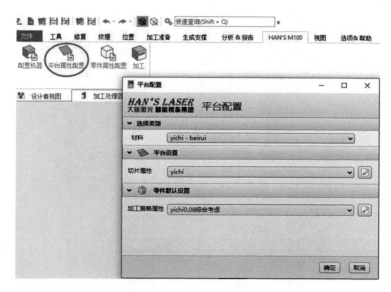

图 2.43 平台属性配置页面

步骤 7：打开"加工"，将任务种类改为"仅前处理"，修改任务命名并选择输出目录，点击"配置任务"检查加工策略是否选择有误，最后点击"提交任务"，如图 2.44、图 2.45 所示。

图 2.44 提交加工任务

图 2.45 任务配置检查

步骤 8：提交任务后，可在加工处理器管理器中点击选择的设备平台（HANS M100）查看任务执行进度，显示灰色表示已经预处理完成，如图 2.46、图 2.47 所示。

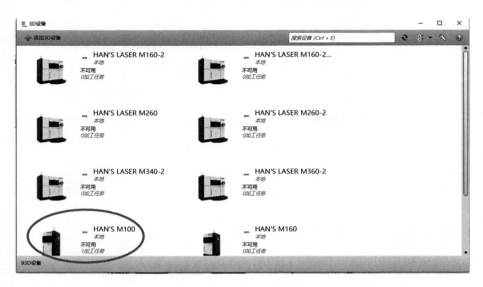

图 2.46 选择设备平台

初加工截止时间	初加工开始时间	创建日期 ▼	操作人	进度
2022/1/12 9:46:29	2022/1/12 9:34:48	2022/1/12 9:34:48	DESKTOP-OQ5IE9R\T...	
2022/1/11 15:23:14	2022/1/11 15:11:25	2022/1/11 15:11:23	DESKTOP-OQ5IE9R\T...	
2022/1/11 9:45:24	2022/1/11 9:43:07	2022/1/11 9:43:06	DESKTOP-OQ5IE9R\T...	
2022/1/10 17:09:17	2022/1/10 16:57:43	2022/1/10 16:57:42	DESKTOP-OQ5IE9R\T...	
2022/1/7 9:41:15	2022/1/7 9:31:27	2022/1/7 9:31:26	DESKTOP-OQ5IE9R\T...	

图 2.47　查看任务执行进度

步骤 9：完成后点击"保存项目"，将所有文件保存，如图 2.48 所示。

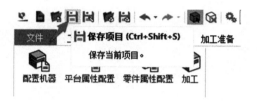

图 2.48　保存项目

步骤 10：使用 U 盘拷贝打印文件到打印机，打开 HANS-MCS 软件，点击"文件"，读取 JOB 加工文件，进入模型窗口可查看每一层切片图案。在打印机准备好后，点击"打印"按钮即可开始打印。

4）后处理工艺

步骤 1：热处理。

在零件打印完成后穿戴好防护装备，一手持吸尘器一手持毛刷将钴铬合金粉末扫到左侧的收粉罐槽口里，取出打印完成的牙冠，将其连同基板一起放入热处理炉，升温到 1 000 ℃保温 2 h，待热处理炉冷却至室温后取出。

步骤 2：锯床切割。

热处理后的牙冠支撑非常脆弱，利用锯床就可以轻松切断。将锯齿贴合基板，启动锯床将牙冠与基板分离。

任务 2　口腔支架

口腔支架可支撑上下牙，使口腔肌肉放松，便于医生检查患者咽喉部和口腔上颚，方便收集口腔分泌物，有利于医生进行诊断。传统加工生产支架费时费力，利用 3D 打印可以轻松解决。

通过支架实训案例可以帮助学生进一步学习和掌握笔刷标记如何在曲面的指定区域创建新的面来添加多种类型的支撑。

1）零件模型介绍

（1）三维模型。

从图 2.49 可以看出，支架三维模型形状复杂且曲面较多，若靠软件自动生成支撑，会存在某些地方未能加到支撑导致成型失败，同时支撑强度也达不到要求。

图 2.49　支架三维模型

（2）成型技术目标。

零件精度在 ±0.05 mm 之内，致密度大于 99%。

2）成型材料介绍（见表 2.2）

表 2.2　纯钛粉末参数

纯钛	化学成分	铝	钒	铁	其他
	质量百分比	5.5%~6.8%	3.5%~4.5%	<0.3%	少量
粉末特性	颜色	铸造温度	熔化温度	理论密度	线胀系数
	银色	1 700~1 780 ℃	1 678 ℃	4.51 g/cm³	8.8×10^{-6} K^{-1}

3）打印流程

步骤 1：打开 Materialise Magics 软件，新建 M100 加工平台，导入支架模型。

步骤 2：修复模型后，将支架模型移动到加工区域中心并调整其高度至 0，再将支架模型 X 轴方向旋转 180°放置。

步骤 3：由于支架的两边易变形，所以需要加一根支柱，在工具选项卡中点击"创建支柱"，设置创建支柱参数，然后在模型内部先选择一点延伸到另一点即可完成，如图 2.50~2.52 所示。

图 2.50　选择创建支柱

图 2.51　设置创建支柱参数

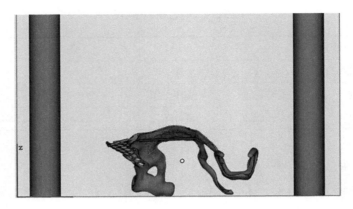

图 2.52　创建支柱

步骤 4：在支撑选项卡，点击"生成支撑"。系统会默认生成支撑，点击支撑工具页，选择第一项按住"Shift"键再选择最后一项即可全部选中，单击鼠标右键选择"删除面"，默认的支撑将被删除，如图 2.53 所示。

图 2.53　删除默认支撑

步骤 5：选择底视图，点击下方的"笔刷标记"，同时按住"Ctrl"键和鼠标滚轮可以放大笔刷圆点，如图 2.54 所示。

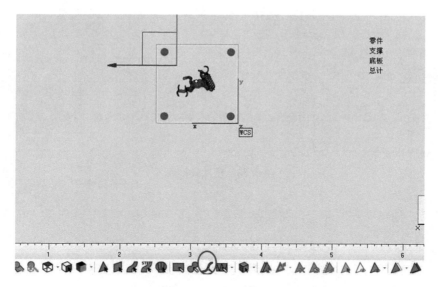

图 2.54　笔刷标记

步骤 6：沿支架的边缘描绘生成一个闭环，滚动鼠标滚轮可以自由放大、缩小零件，方便描绘，如图 2.55 所示。

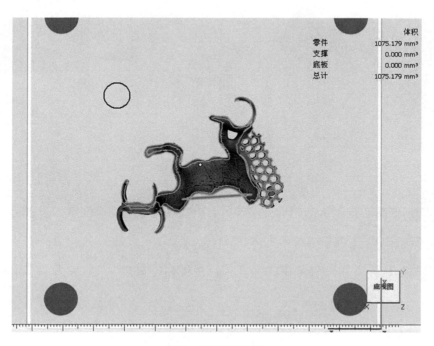

图 2.55　笔刷描绘

步骤 7：点击"面"选项卡，选择"创建新的面"，如图 2.56 所示。

图 2.56　创建新的面

步骤 8：创建完新的面后，在支撑参数页选项卡点击"类型"选择"自动树形"，如图 2.57 所示。

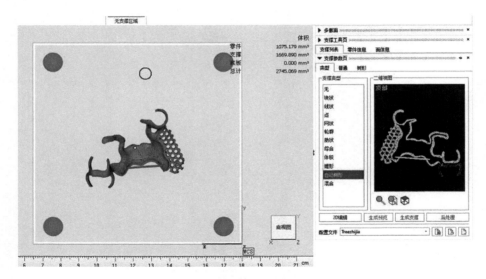

图 2.57　选择树形支撑

步骤 9：修改系统默认的树形支撑参数，以提供足够的支撑强度。设置完毕后，点击"重建 2D&3D"生成新的树形支撑。

①定义树干顶部直径和树枝底部直径，并将树干高度（h）设置为 5 mm，如图 2.58 所示。

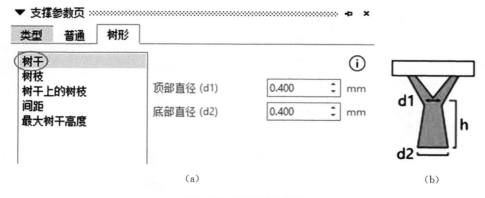

(a)　　　　　　　　　　　　　　　　　(b)

图 2.58　设置树干参数

②定义树枝顶部直径和树枝底部直径，设置树枝数量为 1，如图 2.59 所示。

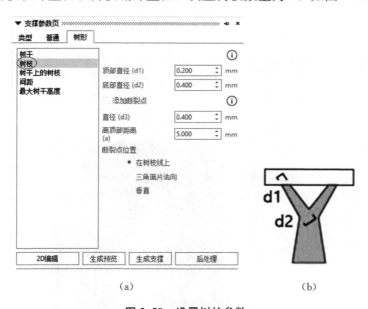

(a)　　　　　　　　　　　　　　　(b)

图 2.59　设置树枝参数

③调整相邻树支撑的间距，如图 2.60 所示。

图 2.60　设置间距

步骤 10：复制一个新的面，添加线状支撑来提高承载强度，如图 2.61 所示。

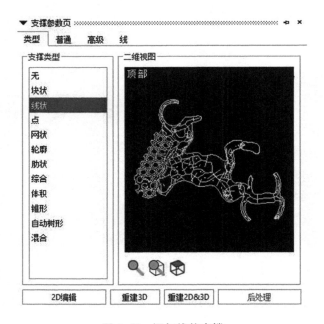

图 2.61　添加线状支撑

步骤 11：修改系统默认的线状支撑参数，进一步增加支撑强度。

①确定支撑片长度（大的支撑片更稳固但是难以去除），同时定义支撑片的接触长度，如图 2.62 所示。

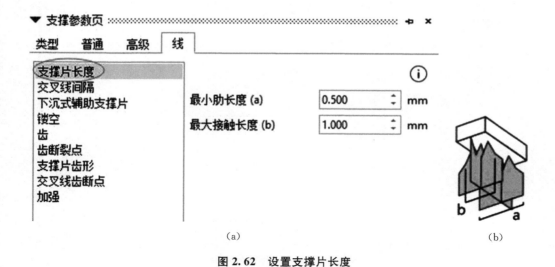

（a）　　　　　　　　　　　　　　　　（b）

图 2.62　设置支撑片长度

②定义线支撑上两条相邻交叉线的间隔，如图 2.63 所示。

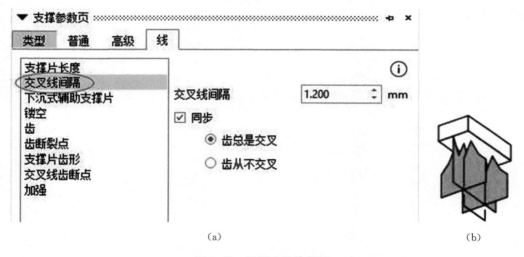

（a）　　　　　　　　　　　　　　　　（b）

图 2.63　设置交叉线间隔

③为了使支撑和零件的面积最小，支撑片可以下沉到离零件一定距离。下沉式辅助支撑片只支撑中心线，如图 2.64 所示。

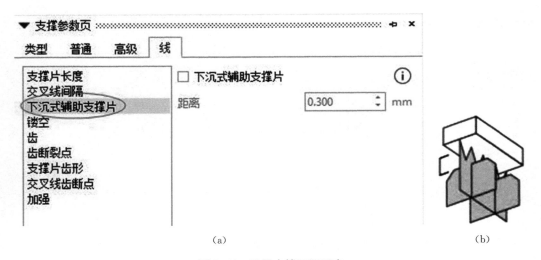

(a)   (b)

图 2.64　设置支撑下沉距离

④镂空的支撑有菱形和矩形两种形式，都是为方便非加工材料的移除和节省粉末，选择菱形镂空支撑，如图 2.65 所示。

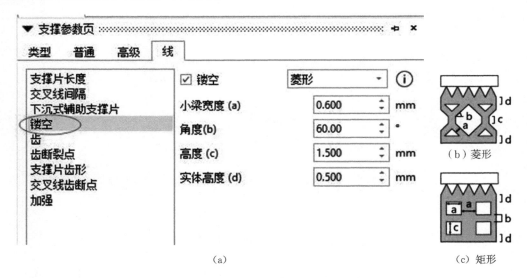

(a)   (c) 矩形

图 2.65　菱形选择镂空支撑

⑤为方便支撑移除，支撑的顶面和底面设置为齿形，如图 2.66 所示。

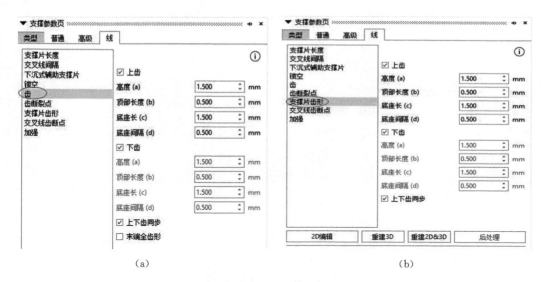

（a）　　　　　　　　　　　　　　　　（b）

图 2.66　设置齿形支撑

⑥线状"高级"选项设置同块状支撑参数。

⑦设置 XY 轴偏移，确定零件边缘和支撑边界的距离，如图 2.67 所示。

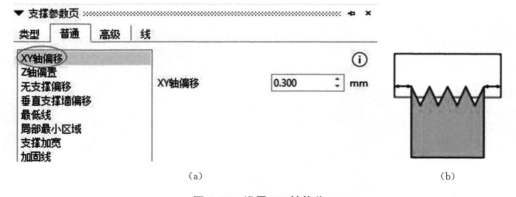

（a）　　　　　　　　　　　　　　　　（b）

图 2.67　设置 XY 轴偏移

⑧设置 Z 轴偏移，确定支撑顶部和底部到它们各自的面的距离。正值保证支撑穿透零件，建议支撑与零件合理连接，如图 2.68 所示。

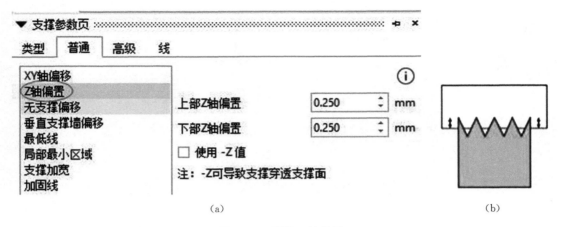

(a)　　　　　　　　　　　　　　　　(b)

图 2.68　设置 Z 轴偏置

⑨设置无支撑偏移时，一个垂直支撑墙会支撑到另一个面，这种情况下，没有必要对很小的悬臂处生成支撑，如图 2.69 所示。

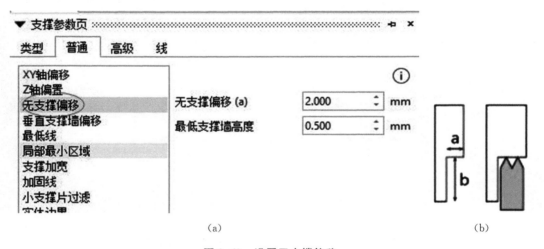

(a)　　　　　　　　　　　　　　　　(b)

图 2.69　设置无支撑偏移

⑩选择"调整填充支撑"，用来支撑局部最小区域（零件的最低点），如图 2.70 所示。

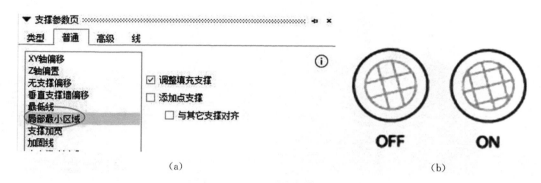

图 2.70 设置局部最小区域

⑪勾选实体边界，边框将连接支撑，否则支撑与实体将连接松散。与其他的支撑相比，它通常被用于有大齿的小支撑，如图 2.71 所示。

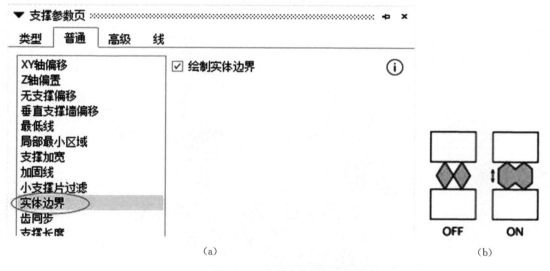

图 2.71 设置实体边界

步骤 12：设置完毕后，点击"重建 2D&3D"，生成新的线状支撑，如图 2.72所示。

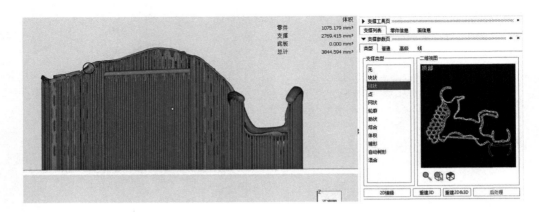

图 2.72　重建线状支撑

步骤 13：在中间位置点击"添加锥形支撑"，根据宽度设置合适的锥形支撑参数，如图 2.73 所示。

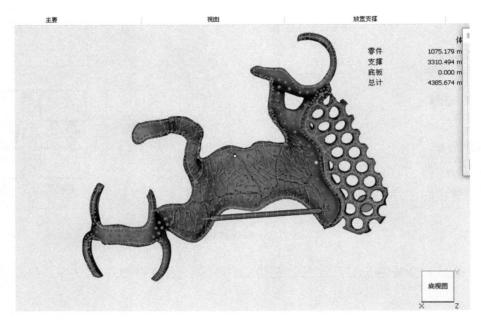

图 2.73　添加锥形支撑

步骤 14：完成支撑添加，点击"退出 SG"。

步骤 15：设置合适的激光功率、扫描速度等工艺参数，打印纯钛粉末，生成打印文件后保存项目。

步骤 16：将打印文件拷贝到 M100，将机器准备好后，选择"一键式打印"。注意由于是纯钛粉末保护气体应选用氩气，选择钛合金基板且第一层单烧一次。

4）后处理工艺

将打印后的口腔支架连同基板一起放入真空热处理炉，升温到 1 000 ℃保温 2 h，保持真空防止氧化，待热处理炉自然冷却至室温后再取出。

步骤 1：热处理。热处理前后的对比如图 2.74 所示。

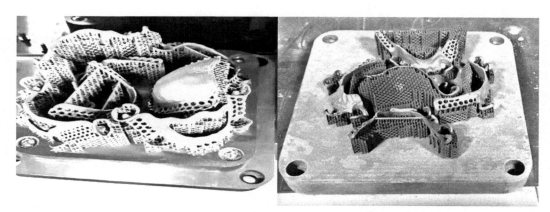

（a）热处理前　　　　　　　　　　　　　　（b）热处理后

图 2.74　热处理前后对比

步骤 2：锯床切割。热处理后的支撑非常脆弱，利用锯床就可以轻松切断。将锯齿贴合基板，启动锯床将支架与基板分离。

任务 3　人体骨头

传统加工方法只能加工出全致密或全多孔的结构，不能实现多孔结构与致密体之间的良好配合，对于制造结构复杂的骨植入物，难以模拟真实骨组织中皮质骨与松质骨的结合结构，无法实现骨组织的结构和生物力学的重现。而 3D 打印技术可以高精度、高效率地满足小零件的制造和大规模的生产需要，并且打印出可控的微孔结构，实现对真实骨组织的完美复刻。

本任务详细介绍了人体骨头 3D 打印成型的过程，帮助学生学习和掌握如何缩放模型、正确摆放零件及利用 Materialise Magics 软件辅助查看需要添加支撑的区域。

1）零件模型介绍

（1）三维模型。

由图 2.75 可知，骨头模型整体都为曲面，故只能悬空水平摆放，需添加足够强度的支撑去承载。

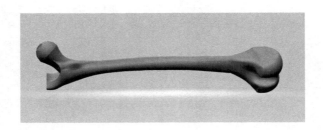

图 2.75　骨头三维模型

（2）成型技术目标。

致密度大于 99%，表面粗糙度 Ra 应小于 10 μm，零件精度在 $\pm$0.05 mm 内。

2）成型材料介绍

同本项目任务 2 打印口腔支架用的纯钛粉末。

3）打印流程

步骤 1：选择加工平台后，在模型库中导入骨头模型。

步骤 2：导入模型后，选择修复工具页中的"自动修复"。

步骤 3：由于模型尺寸过大，查看模型尺寸时需缩小到加工范围内，如图 2.76 所示。

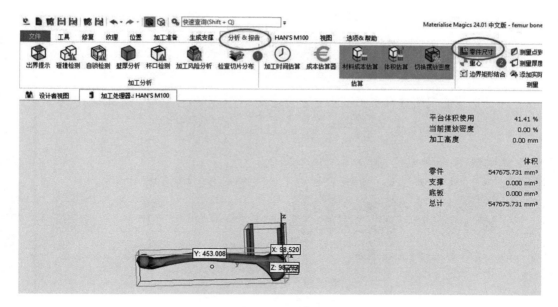

图 2.76　查看模型尺寸

步骤 4：将模型 X，Y，Z 缩放系数修改为 0.2，如图 2.77 所示。

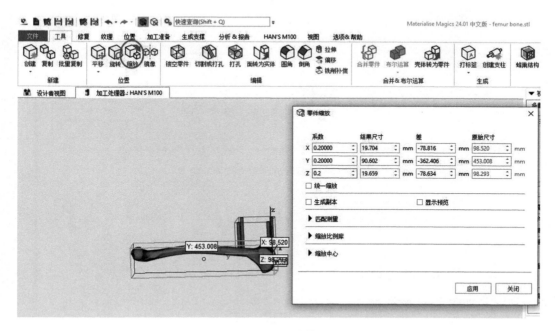

图 2.77　缩放模型

步骤 5：为避免模型的大幅面与刮刀接触，将模型呈 45°水平摆放至加工区域中心，并将高度设为 3 mm 加支撑。

步骤 6：进入生成支撑选项卡，点击"支撑区域预览"，系统默认面角度为 86°，修改为 45°，选择底视图查看需要添加支撑的区域（红色区域代表需要足够强度的支撑），如图 2.78、图 2.79 所示。

图 2.78　支撑区域预览

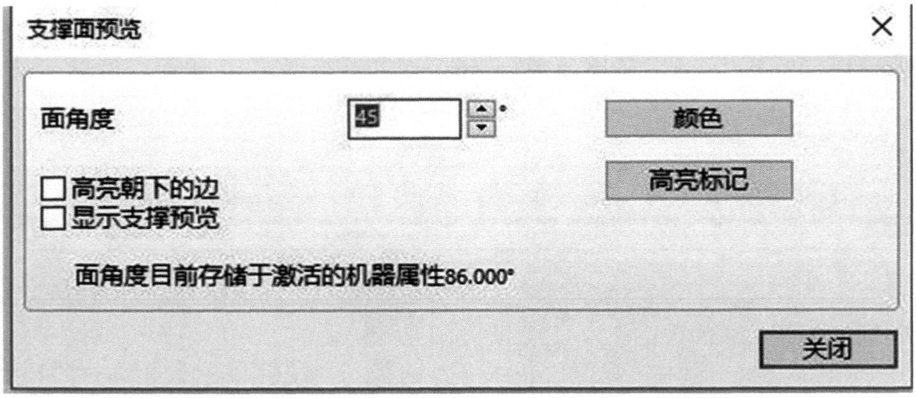

图 2.79　支撑区域预览修改面角度

步骤 7：进入生成支撑选项卡，删除默认支撑，利用"笔刷标记"工具创建新的面。

步骤 8：创建完新的面后，选择牙冠案例保存的块状支撑参数，点击"重建 2D&3D"，如图 2.80 所示。

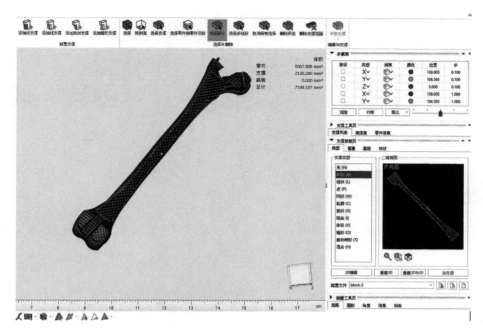

图 2.80　生成块状支撑

步骤 9：选择"添加锥形支撑"，在模型中间区域添加合适的锥形支撑。

步骤 10：点击"退出 SG"，选择纯钛粉末的工艺参数。生成加工文件后，导入加工设备。

步骤 11：选择一键式打印，注意事项同项目任务 2。

4）后处理工艺

步骤 1：线切割。

利用线切割将打印完成的模型从基板上割下。

步骤 2：打磨抛光。

用老虎钳将残余支撑去除，再用打磨机将底面抛光。

项目 3

模具领域

项目描述

SLM 技术采用逐层堆积成型的原理，在制造复杂模具结构或者某些异形零部件、特定的几何形状方面较传统工艺具有明显优势。另外，在使用的材料非常昂贵而传统的模具制造导致材料报废率很高的情况下，3D 打印具有成本优势。

本项目通过对模具领域的学习，帮助学生掌握模型摆放与标记平面如何操作、模型处理注意事项、内部复杂结构的模具内部粉末如何清理以及对模具的热处理加工工艺。

任务 1　鞋　　模

3D 打印技术使鞋模设计更自由，鞋底、鞋面、鞋垫等款式和功能更加多样。复杂的鞋模下模也可以摆脱翻砂铸造带来的变形，不仅减少了模具生产流程，还提高了模具精度。

本任务详细介绍了打印鞋模的实际操作，学生能掌握简单无支撑的模型的打印操作步骤，为后续学习更加复杂的操作案例做准备。

1) 零件模型介绍

(1) 三维模型。

如图 3.1 所示，鞋模模型形状规则，底面平整可直接水平摆放。

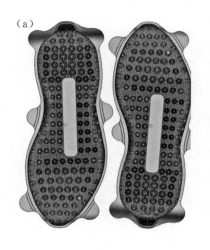

（a）上表面

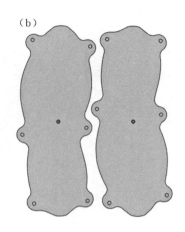

（b）下表面

图 3.1　鞋模三维模型

（2）成型技术目标。

致密度大于 99%，零件精度在 ±0.05 mm 内，直接成型的最大拉伸强度大于 1 GPa。

2）成型材料介绍

表 3.1　18Ni300 模具钢粉末参数

18Ni300 模具钢	化学成分	镍	钴	钼	其他
	质量百分比	17.95%	9.01%	4.76%	少量
粉末特性	颜色	铸造温度	熔化温度	密度	线胀系数
	灰色	1 175~1 230 ℃	1 600~1 700 ℃	8.1 g/cm^3	8.8×10^{-6} K^{-1}

3）打印流程

步骤 1：选择加工平台后，在模型库中导入鞋模模型。

步骤 2：导入模型后，选择修复工具页中的"自动修复"。

步骤 3：将鞋模模型水平放置，高度设为 1 mm，以添加线切割余量。

步骤 4：选择底视图，首先框选中模型，然后点击下方的"标记平面"，在鞋模底面单击一下，颜色变成绿色表示已选中，如图 3.2 所示。

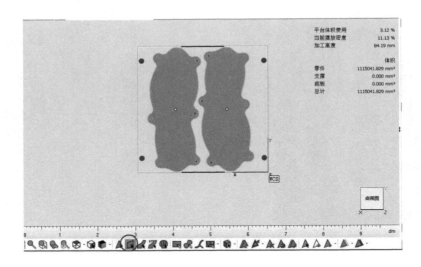

图 3.2　标记平面

步骤 5：在工具选项卡中点击"偏移"，将偏移大小修改为 1 mm，点击"应用"，如图 3.3 所示。

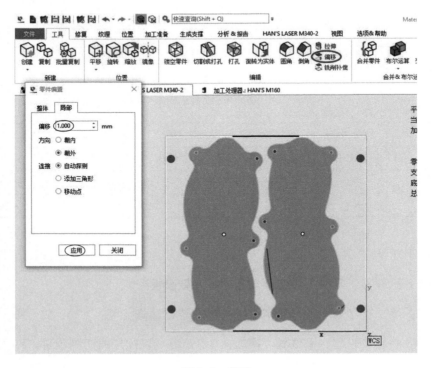

图 3.3　偏移

步骤 6：选择合适的模具钢工艺参数，生成加工文件后，导入加工设备。

步骤 7：可以选用 304L 不锈钢基板，设备准备好后点击"一键式打印"。

4）后处理工艺

利用线切割将打印完成的模型从基板上割下，线割余量为 1 mm。

任务 2　随形水路模具

20 世纪末，注塑模具的随形冷却技术被首次提出，其具有传统冷却系统的模具无可比拟的优越性。SLM 加工一体化的加工方式，摆脱了传统水路零件拆分、密封等问题以及交叉钻孔的限制，内部通道可更靠近模具的冷却表面，并具有平滑的角落和更快的流量，从而增加热量转移到冷却液的效率，提高了模具寿命和可靠性。

通过本任务的学习，学生能熟练掌握随形水路模具的内部粉末清理步骤和模具钢的热处理工艺。

1）零件模型介绍

（1）三维模型。

由图 3.4 可知，随形水路模型形状规则，底面平整可直接水平摆放。

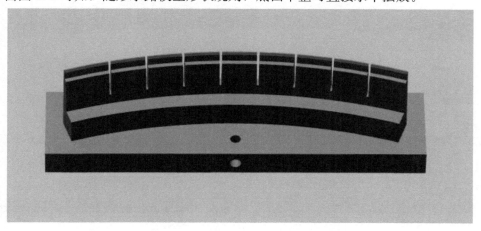

图 3.4　随形水路三维模型

（2）成型技术目标。

致密度大于 99%，零件精度在 ±0.05 mm 内，直接成型的最大拉伸强度大于 1 GPa。

2）成型材料介绍

同本项目任务 1 打印鞋模用的 18Ni300 模具钢粉末。

3）打印流程

步骤 1：选择加工平台后，在模型库中导入随形水路模型。

步骤 2：导入模型后，选择修复工具页中的"自动修复"。

步骤 3：将模型水平放置在加工区域中心，高度设为 1 mm，添加线切割余量。

步骤 4：选择下方的透明工具，查看模型的内部结构，如图 3.5 所示。

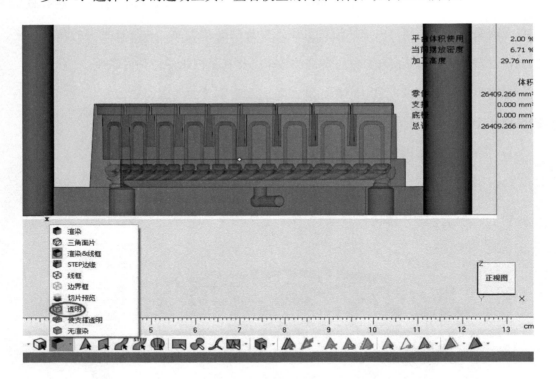

图 3.5　随形水路的内部结构

步骤 5：点击工具选项卡中的"打孔"，在两个底孔的正面位置钻孔，钻孔的垂直高度应小于拉伸余量，如图 3.6 所示。

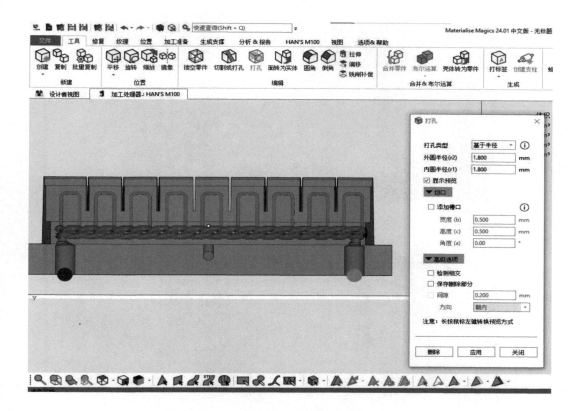

图 3.6 打孔

步骤 6：将零件选择 45°摆放，减少零件与刮刀的接触面积，降低刮刀的磨损。

步骤 7：选择合适的模具钢工艺参数，生成加工文件后，导入加工设备。

步骤 8：设备准备好后点击"一键式打印"。

4）后处理工艺

步骤 1：取件及模型内部清理。

①打印完成并待零件冷却后，打开舱门，用吸尘器清理舱门、进风槽上表面和内壁的粉末，如图 3.7 所示。

②阶段性地升高成型缸，使用毛刷将金属粉末扫往左边的收粉槽，注意使用吸尘器吸走扬尘，直至清理干净基板上的粉末后取出模型，如图 3.8 所示。

③将基板取出轻轻振动，倒出残余的金属粉末并回收，用吸尘器和毛刷清理零件表面（特别是有孔的位置），如图 3.9 所示。

图 3.7　清理设备上吸附的粉末

图 3.8　清理粉末并取出模型

图 3.9　倒出残余粉末

④由于随形水路模具内部形状复杂，要用气枪对着小孔吹出残余粉末，确保粉末完全清理干净（注意吹出的粉末用吸尘器吸走），如图 3.10 所示。

图 3.10　用气枪吹出残余粉末

步骤 2：热处理。

与传统加工制造技术相比，SLM 技术最大的优势是个性化定制，能生产结构复杂的内腔结构。对于模具而言，效果更为显著。通过 SLM 技术设计模具随形水路，对注塑模具、压铸模具的质量改善有很重要的意义。但通过 SLM 直接打印的零件力学性能达不到模具使用要求，且 SLM 成型过程中粉末易快速熔化、冷却，导致打印零件中容易积聚大量残余应力，在后期使用过程中，零件有可能发生变形和开裂。热处理是提高金属力学性能最常用的方法，合适的热处理工艺可以极大地减小残余应力，优化组织和力学性能。在此按照《增材制造金属制件热处理工艺规范》GB/T 39247—2020 设计该随形水路模具的热处理方案：在真空炉中进行热处理，固溶温度设为 880 ℃，保温时间 1 h；时效温度设为 490 ℃，保温 6 h；将零件取出待冷至室温，如图 3.11 所示。

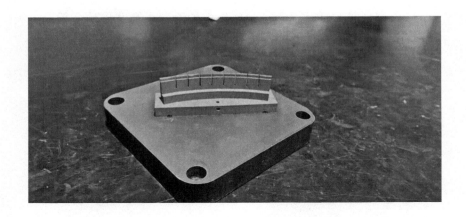

图 3.11 热处理后的模型

步骤 3：线切割。

固定基板，根据添加的余量调整钼丝的位置。对准后，根据零件的水平投影长度，规划加工路径，然后打开水泵，再开启高压，启动自动加工，如图 3.12 所示。

图 3.12 线切割

项目4

汽车领域

项目描述

使用传统方法生产零部件首先需要铸造模具，用这种方式去开发新构件不仅时效性低，而且成本高，而增材制造技术可以快速打印新型汽车构件并完成相应的研究测试，大大提高企业研发效率，降低研发成本。

本项目详细介绍了汽车轮毂 3D 与轮胎模具打印成型的步骤，使学生能够对添加块状和锥形支撑进一步熟练掌握，基本具备大型零件大幅面添加支撑的能力。

任务 1　轮　毂

受到打印设备尺寸的限制，轮毂被拆分为多个部件进行制造，3D 打印带来了结构一体化的制造优势，并为轮毂的设计带来了新的自由度。轮胎制造商 HRE 与 GE Additive (GE 增材制造) 的 AddWorks 团队开发了第一款 3D 打印钛合金汽车轮毂，HRE 采用轻量化设计与 Arcam 的电子束熔融 3D 打印技术制造轻量化轮毂，能够节省材料。

1) 零件模型介绍

(1) 三维模型。

轮毂模型形状规则，可以选择水平放置，在悬垂位置添加支撑，如图 4.1 所示。

(2) 成型技术目标。

致密度大于 99%，硬度达到 200 HV 以上，零件精度在 ±0.05 mm 之内。

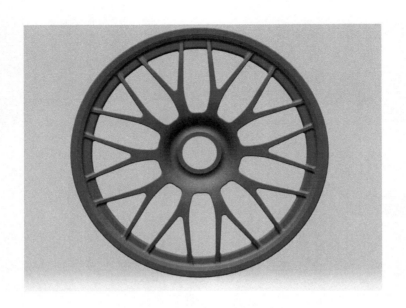

图 4.1　轮毂三维模型

2）成型材料介绍

表 4.1　316L 不锈钢粉末参数

316L 不锈钢粉末	化学成分	锰	铬	钼	镍
	质量百分比	≤2%	16%～18%	1.8%～2.5%	12%～16%
粉末特性	颜色	铸造温度	熔化温度	理论密度	线胀系数
	灰色	800～850 ℃	1 200～1 300 ℃	7.98 g/cm³	17.3×10^{-6} K⁻¹

3）打印流程

步骤 1：选择加工平台后，在模型库中导入轮毂模型。

步骤 2：导入模型后，选择修复工具页中的"自动修复"。

步骤 3：将模型水平放置在加工区域中心，高度设为 1 mm，添加线切割余量。

步骤 4：选择生成支撑选项卡中"生成支撑"，将默认支撑删除，选择"标记平面"工具创建新的平面添加块状支撑，如图 4.2 所示。

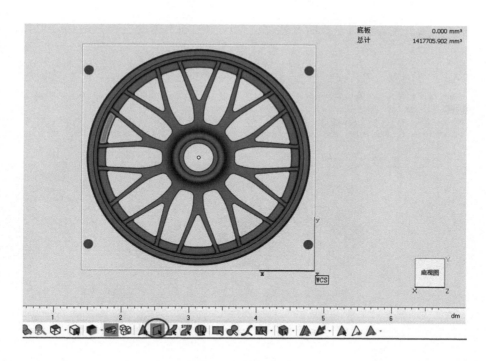

图 4.2　标记平面

步骤 5：为保证支撑稳定，还需添加锥形支撑，点击"指定"即可在所选择的平面上添加锥形支撑，如图 4.3 所示。

图 4.3　添加锥形支撑

步骤6：按上述方法对轮毂所有悬垂位置添加相同类型的支撑，最终效果如图4.4所示。

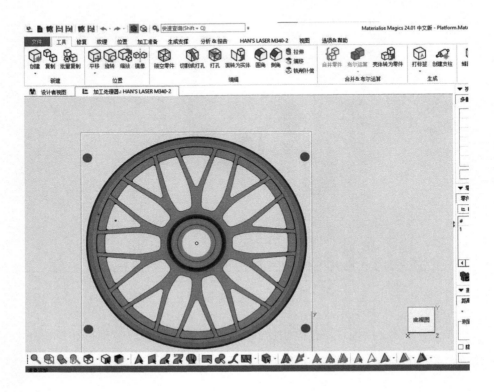

图4.4 最终效果

步骤7：不锈钢工艺参数可以参考钴铬合金，也可以自行进一步优化。生成加工文件后，导入设备打印。

步骤8：设备准备好后点击"一键式打印"。

4）后处理工艺

步骤1：线切割。

利用线切割将打印完成的模型从基板上割下。

步骤2：打磨抛光。

用老虎钳将残余支撑去除，再用打磨机将底面抛光。

任务 2　轮胎模具

相比传统制造轮胎模具烦琐的工序，3D 打印技术极大程度减少了工序步骤，提高生产效率。另外，对于不同花纹的轮胎模具，3D 打印技术能快速响应，只需要简单修改模型即可进行制造，大大降低了生产成本。

1）零件模型介绍

（1）三维模型。

轮胎模具最重要就是内部的花纹（见图 4.5）。在保证不损坏花纹的前提下可任意摆放。

图 4.5　轮胎模具三维模型

（2）成型技术目标。

硬度一般在 42～50 HRC（洛氏硬度）范围内，具有良好的耐磨性和韧性，还具有一定的抗压强度和抗弯强度；冲击韧度好、淬透性高、导热性能好、有较高的热疲劳能力，同时还应具有好的耐热性、抗氧化性和加工工艺性。

2）成型材料介绍

同项目 3 打印鞋模和随形水路模具用的 18Ni300 模具钢粉末。

3）打印流程

步骤 1：选择加工平台后，在模型库中导入轮胎模具模型。

步骤 2：导入模型后，选择修复工具页中的"自动修复"。

步骤 3：将模型垂直摆放在加工区域中心，高度设为 1 mm，圆面添加线割余量。

步骤 4：选择生成支撑选项卡，点击"支撑区域预览"，将面角度改为 45°，查看需要添加支撑的区域，如图 4.6 所示。

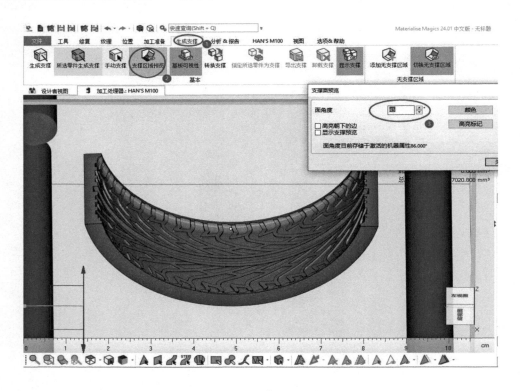

图 4.6　支撑区域预览

步骤 5：选择标记平面，在中间创建新的平面，删除默认支撑，生成块状支撑，如图 4.7 所示。

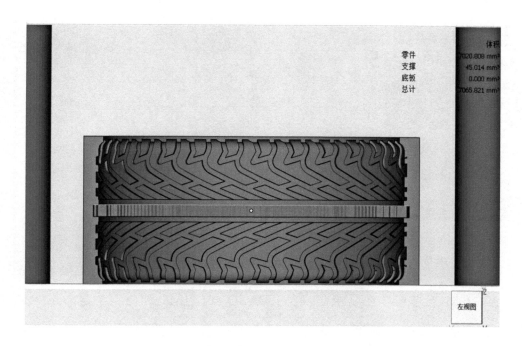

图 4.7　生成块状支撑

步骤 6：选择合适的模具钢工艺参数，生成加工文件后，导入加工设备。

步骤 7：设备准备好后点击"一键式打印"。

4）后处理工艺

利用线切割将打印完成的模型从基板上割下，线割余量为 1 mm。

项目 5

航空航天领域

项目描述

截至 2020 年，航空航天领域应用在 3D 打印技术市场中占比达到 19%，为 3D 打印技术的第二大应用方向。航空工业主要采用 SLM、EBM（电子束熔化）、DMLS（直接金属激光烧结）等 3D 打印技术形式，主要加工材料有钛合金、铝锂合金、超高强度钢、高温合金等。这些材料基本都具有强度高、化学性质稳定、不易成型加工、传统加工工艺成本高昂等特点。

3D 打印技术已成为提高航空航天器设计和制造能力的一项关键技术，在航空航天领域的应用范围不断扩展，并显现出从零部件向整机制造方面扩展的趋势。目前，国内外企业和研究机构利用 3D 打印不仅打印出了飞机、导弹、卫星、载人及货运飞船的零部件，还打印出了发动机、无人机、微卫星等航空航天领域整机，在研发制造周期缩短、制造成本降低、零件结构优化以及重量减轻、零件修复等方面展现了显著的优势，充分显示了 3D 打印技术在该领域的应用前景。

本项目详细介绍了航空发动机组件和燃烧腔模型的打印步骤，使学生能够对打印流程有更深的认识，基本具备使用设备打印简单模型的能力。

任务 1　喷油嘴

航空发动机的喷油嘴使用传统制造复杂且烦琐，且加工成本高、时耗长、步骤多；

而使用3D打印技术可以实现快速成型，减少加工步骤，提高生产效率。

学生通过本任务的学习可以对打印流程具备一定程度的认识和理解，熟悉Materialise Magics软件的简单操作以及学会根据零件的形状判断是否需要添加支撑。

1）零件模型介绍

（1）三维模型。

喷油嘴模型虽然内部结构复杂（见图5.1），但是悬垂角度都大于45°，因此不需要添加支撑。

图 5.1　喷油嘴三维模型

（2）成型技术目标。

致密度大于99%，表面粗糙度低，零件精度在±0.05 mm之内。

2）成型材料介绍

同项目4任务1打印轮毂用的316L不锈钢粉末。

3）打印流程

步骤1：选择加工平台后，在模型库中导入轮毂模型。

步骤2：导入模型后，选择修复工具页中的"自动修复"。

步骤3：由于此零件的悬垂角度大于45°，竖直摆放无须添加支撑，只要在底部添加 1 mm 的线割余量，如图 5.2 所示。

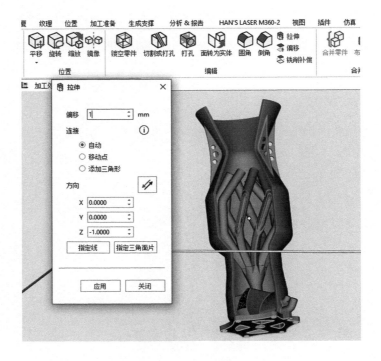

图 5.2 喷油嘴

步骤 4：进入平台配置，设置不锈钢的加工参数，生成加工文件后，导入加工设备。

步骤 5：设备准备好后点击"一键式打印"。

4）后处理工艺

利用线切割将打印完成的模型从基板上割下，线割余量为 1 mm。

任务 2 燃烧腔

相比传统的等材或减材制造，采用 3D 打印制造航空发动机的燃烧腔可以做到净成型，提高新型结构的研发效率，加快产品市场化。

通过本任务的学习，学生可以对打印流程进一步认识和理解，熟悉 Materialise Magics 软件的简单操作以及学会根据零件的形状判断是否需要添加支撑。

1）零件模型介绍

（1）三维模型。

燃烧腔外部的出气口紧贴合外表面，形成自支撑，并且悬垂处的角度大于45°，所以无须添加支撑，如图5.3所示。

(a)　　　　　　　　　　　　　　(b)

图5.3　燃烧腔三维模型

（2）成型技术目标。

致密度大于99%，表面粗糙度低，零件精度在±0.05 mm之内。

2）成型材料介绍

同项目4任务1打印轮毂用的316L不锈钢粉末。

3）打印流程

步骤1：选择加工平台后，在模型库中导入轮毂模型。

步骤2：导入模型后，选择修复工具页中的"自动修复"。

步骤3：由于此零件的形状形成自支撑以及悬垂角度大于45°，竖直摆放无须添加支撑，只要在底部添加1 mm的线割余量。

步骤4：进入平台配置，设置不锈钢的加工参数。生成加工文件后，导入加工设备。

步骤5：设备准备好后点击"一键式打印"。

4）后处理工艺

利用线切割将打印完成的模型从基板上割下，线割余量为1 mm。

项目6

模型及工艺品领域

项目描述

　　增材制造是未来制造业的发展趋势，其优势显而易见，它可以实现传统加工工艺难以制造的设计，比如点阵结构、复杂薄壁结构、一体化结构等。其中，点阵结构作为一种新型的轻量化结构，具有良好的比刚度、比强度等力学性能。传统加工工艺很难制造点阵结构，3D打印技术的快速发展使得点阵结构的制造更具可行性。区别于传统的经验式设计模式，经过拓扑优化的产品模型是在给定载荷、工况等约束条件下，满足性能要求的最优拓扑模型，而且具备轻量化的特点。传统的制造方法对产品模型具有对称性、相对固定的尺寸、可重复制造等要求。然而，经过拓扑优化后的产品模型结构形式复杂，可制造性差，即拓扑优化技术只有在不考虑制造工艺约束时才具有更好的效果。因此，尽管工程师通过拓扑优化方法设计出了结构独特、高性能的产品模型，但往往因为可制造性问题，只能遵循"实现性优先"舍弃产品在轻量化、高性能上的优势。与传统的制造方法相比，增材制造具有可控、可重复、可追溯，由小到大，先局部后整体，从点到线到面到体，空间无约束，时间无先后等特点。

　　本项目通过对工艺品的介绍，使学生能够对3D打印复杂模型的优势以及模型优化有进一步的了解和认识，掌握应用Materialise Magics创建个性化的点阵结构，并且了解拓扑优化和增材制造结合的应用，基本具备点阵模型设计和对任意模型添加合适支撑的能力。

任务 1　点阵结构件

点阵结构就像蜻蜓翅膀一般，重量很轻却很结实，因此很难用传统的制造方法来制作。增材制造能够支持复杂和坚韧的点阵结构，并且使用的材料更少。机械加工的方法虽然可行，但需要从多个角度去除材料，成本高昂。这时候就要考虑使用增材制造技术，因为其在创造出最低重量的加固部件和组装的同时还能降低开发成本。

学习运用 Materialise Magics 创建点阵结构模型和布尔加运算，完成样品的打印。

1）成型技术目标

致密度大于 99%，零件精度在 ±0.05 mm 之内。

2）成型材料介绍

同项目 4 任务 1 打印轮毂用的 316L 不锈钢粉末。

3）打印流程

步骤 1：选择工具选项卡，点击"创建"，选择"长方体"，创建一个 30 mm×30 mm×30 mm 的立方体模型，将零件摆进加工区域中心，如图 6.1 所示。

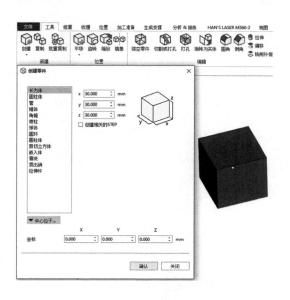

图 6.1　创建方块

步骤 2：点击"结构"，如图 6.2 所示。

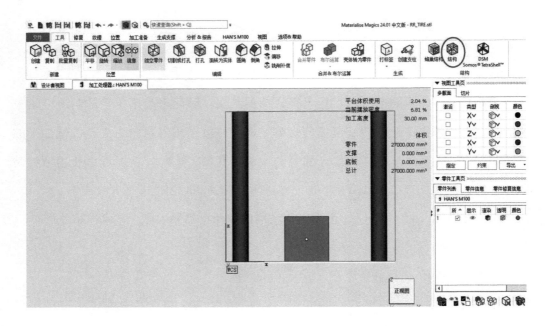

图 6.2 选择结构

步骤 3：进入结构编辑栏选择"无外壳"，点击"下一步"，如图 6.3 所示。

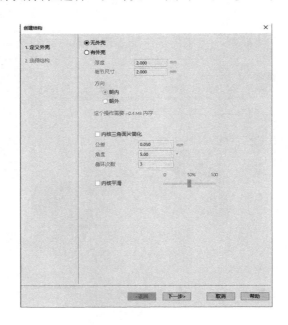

图 6.3 选择无外壳

步骤 4：在"选择结构"中选择点阵结构类型，结构尺寸改 X 为 5 mm，如图 6.4 所示。

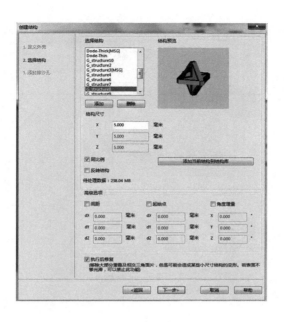

图 6.4　选择点阵结构类型

步骤 5：创建好点阵结构后，下一步进行布尔运算，给模型加上盖板，如图 6.5 所示。

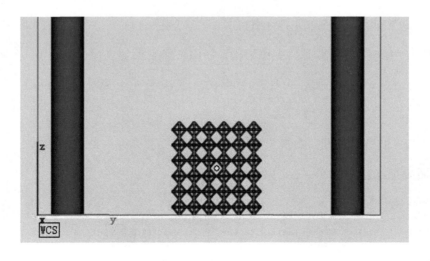

图 6.5　点阵结构展示

步骤6：首先创建两个 30 mm×30 mm×2 mm 的盖板，然后查看加工区域的尺寸，再将盖板移动到中心位置，如图 6.6 所示。

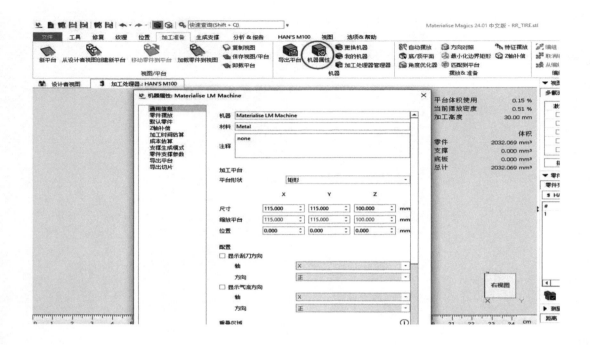

图 6.6　查看加工区域尺寸

步骤7：点击工具选项卡中的"布尔运算"，将盖板与点阵结构合并在一起，选择保存时点击"确认"，如图 6.7 所示。

步骤8：由于点阵结构是自支撑结构，所以不需要添加支撑。

步骤9：进入平台配置，设置不锈钢的加工参数。生成加工文件后，导入加工设备。

步骤10：设备准备好后点击"一键式打印"。

4）后处理工艺

步骤1：清粉。

打印完成后取下基板倒出晶格内的粉末，残余粉末用气枪吹出。

步骤2：线切割。

利用线切割将打印完成的模型从基板上割下，线割余量为 1 mm。

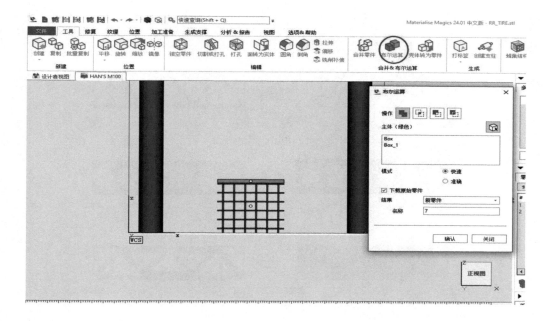

图 6.7　布尔运算

任务 2　拓扑优化

拓扑优化的研究领域主要分为连续体拓扑优化和离散结构拓扑优化。不论哪个领域，都要依赖有限元方法。连续体拓扑优化是把优化空间的材料离散成有限个单元（壳单元或者体单元）；离散结构拓扑优化是在设计空间内建立一个由有限个梁单元组成的基结构，然后根据算法确定设计空间内单元的去留，保留下来的单元即构成最终的拓扑方案，从而实现拓扑优化。

优化类型有三种：

（1）尺寸优化：根据给定的设计目标和约束，确定结构参数的具体值的优化设计方法，如图 6.8（a）所示。

（2）形状优化：根据给定的性能指标和约束条件，确定产品结构的边界形状或者内部几何形状的优化设计方法，如图 6.8（b）所示。

（3）拓扑优化：根据给定的设计目标和约束，确定最优材料分布的优化设计方法，如图 6.8（c）所示。

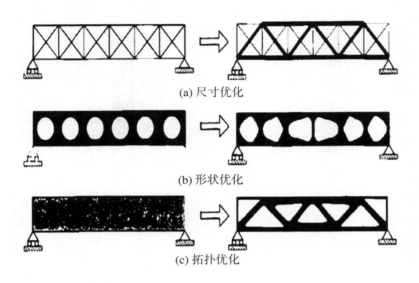

(a) 尺寸优化

(b) 形状优化

(c) 拓扑优化

图 6.8　拓扑优化类型

将拓扑优化（先进设计技术）与增材制造（先进制造技术）融合，发展面向增材制造的创新设计技术具有广阔的前景。本任务通过对拓扑优化与 3D 打印融合的介绍，使学生对拓扑优化技术有一定的了解。

1）零件模型介绍

（1）三维模型。

进行拓扑优化后，在保证强度相同的情况下大幅度降低零件的总体积，实现了目标轻量化，如图 6.9 所示。

（2）成型技术目标。

致密度大于 99%，零件精度在 ± 0.05 mm 之内。

2）成型材料介绍

同项目 4 任务 1 打印轮毂用的 316L 不锈钢粉末。

3）打印流程

步骤 1：选择加工平台后，在模型库中导入零件模型。

步骤 2：导入模型后，选择修复工具页中的"自动修复"。

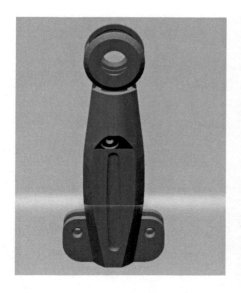 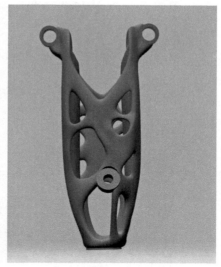

（a）优化前 （b）优化后

图 6.9 拓扑优化前后对比

步骤 3：将模型平面朝下竖直摆放。

步骤 4：点击"支撑区域预览"，查看需要添加支撑的区域，如图 6.10 所示。

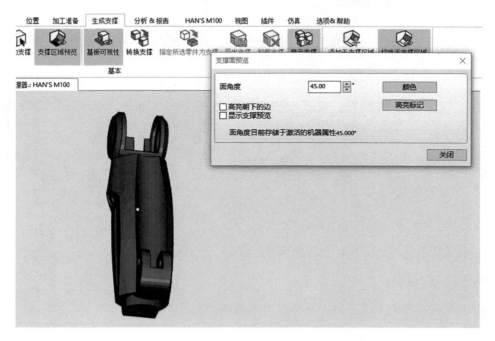

图 6.10 支撑区域预览

步骤 5：修改锥形支撑的尺寸大小，如图 6.11 所示。

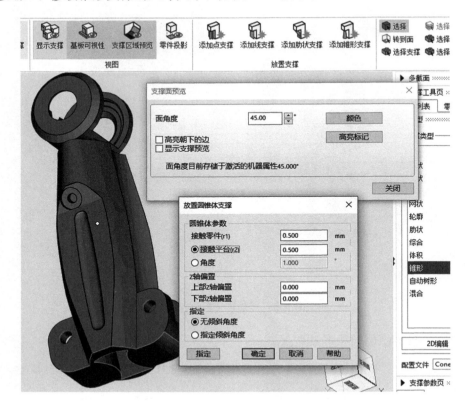

图 6.11　添加锥形支撑的区域显示

步骤 6：在图 6.11 红色区域完成锥形支撑的添加，结果如图 6.12 所示。

步骤 7：进入平台配置，设置不锈钢的加工参数。生成加工文件后，导入加工设备。

步骤 8：设备准备好后点击"一键式打印"。

4）后处理工艺

步骤 1：线切割。

利用线切割将打印完成的模型从基板上割下。

步骤 2：打磨抛光。

用老虎钳将残余支撑去除，再用打磨机将底面抛光。

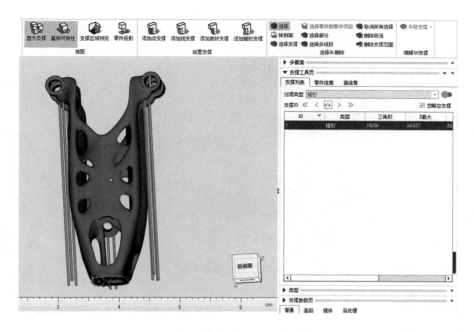

图 6.12　完成锥形支撑的添加

任务 3　私人订制产品

传统的个性化定制需要先铸造特定的模具，费时费力且经济效益低。而 3D 打印技术可快速完成个性化定制，实现小批量定制需求。

学生通过学习定制客户个性化需求的产品来掌握在实际生产中需要了解的注意事项，掌握镂空、任意角度添加支撑等步骤。

1）零件模型介绍

（1）三维模型。

金牛模型悬垂部位较多，通过前期学习可以判断哪些位置需要添加支撑，如图 6.13 所示。注意工艺品需要镂空处理，否则重量过大。

（2）成型技术目标。

致密度大于 99%，表面粗糙度低，零件精度在 ±0.05 mm 之内。

图 6.13 金牛三维模型

2) 成型材料介绍

同项目 4 任务 1 打印轮毂用的 316L 不锈钢粉末。

3) 打印流程

步骤 1：选择合适的加工平台后，在模型库中导入金牛模型。

步骤 2：导入模型后，选择修复工具页中的"自动修复"。

步骤 3：在工具选项卡中选择"打标签"→"投影"，输入文字后点击"移动"将文字移动到指定位置，再点击"生成 STL"，如图 6.14 所示。

步骤 4：在工具选项卡中选择"镂空零件"，此步骤可以将零件由实心变为空心，减轻重量，将壁厚设置为 2.5 mm，选择"自支撑"，面角度设置为 45°，最后点击"确认"，如图 6.15 所示。

步骤 5：点击"生成支撑"中的"手动支撑"，再选择"支撑区域预览"，根据软件显示的红色采用"笔刷标记"创建新的面来添加支撑。

步骤 6：为方便绘制新的面，可以激活"多截面"中 Zv 剖视底座达到隐藏目的，如图 6.16 所示。绘制完成后，选择"面"选项卡中的"创建新的面"功能。

步骤 7：删除默认支撑，点击先前保存的块状支撑，点击"重建 2D&3D"，如图 6.17 所示。

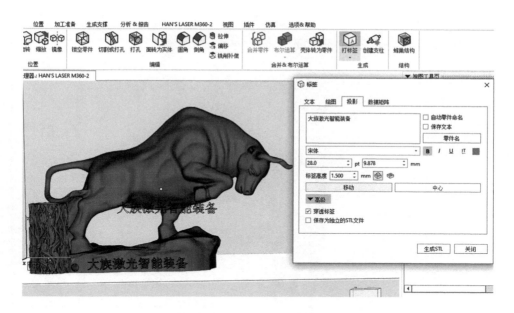

图 6.14 生成标签

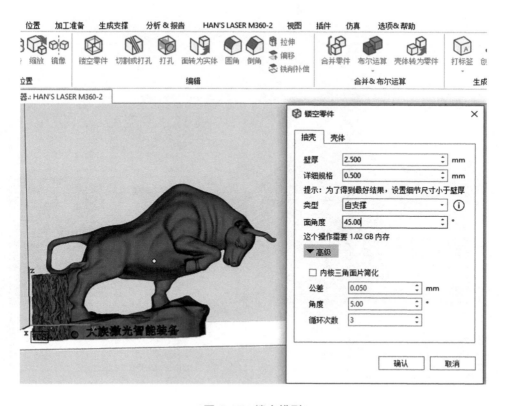

图 6.15 镂空模型

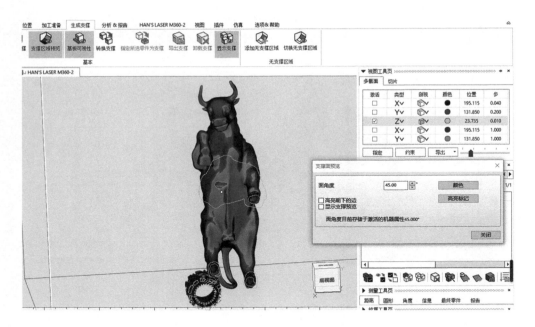

图 6.16　隐藏底座

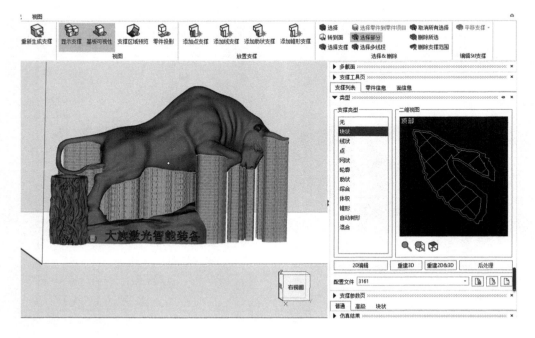

图 6.17　生成块状支撑

步骤 8：为加固支撑，在金牛肚下再添加锥形支撑。

步骤 9：进入平台配置，设置不锈钢的加工参数。生成加工文件后，导入加工设备。

步骤 10：设备准备好后点击"一键式打印"。

4）后处理工艺

步骤 1：线切割。

利用线切割将打印完成的模型从基板上割下。

步骤 2：打磨抛光。

用老虎钳将残余支撑去除，再用打磨机将底面抛光。

步骤 3：钻孔。

用打孔机在金牛底座钻孔，倒干净内部的粉末。

步骤 4：电镀。

可提高耐磨性、抗腐蚀性及增进美观等，最终得到模型成品如图 6.18 所示。

图 6.18 成品展示

练习题

一、问答题

1. 基板选择的依据是什么？

2. 常见的支撑类型有哪几种？

3. 牙冠的后处理步骤是什么？

4. 支撑强度不足容易引起什么现象？

5. 添加支撑需要考虑什么因素？

6. 打印口腔支架使用什么材料？

7. 主要的激光工艺参数有哪些？

8. 镂空块状支撑的作用是什么？

9. 简述3D打印技术在汽车领域的优势。

10. 钴铬合金、纯钛粉末的熔点各是多少？

11. 拓扑优化的作用是什么？

12. 打印纯钛和18Ni300粉末分别使用什么保护气体？

二、判断题

1. 打印人体骨头的原材料是316L不锈钢粉末。（   ）

2. 悬垂角度大于45°就不需要添加支撑。（   ）

3. 316L不锈钢粉末的密度是 4.51 g/cm³。（   ）

4. HRC是指维氏硬度。（   ）

5. 根据零件的高度添加同等高度的粉末量。（   ）

6. 擦拭保护镜时应由内向外用力擦拭。（   ）

7. 打印大型零件时，支撑越密集越好。（   ）

8. 模型为曲面时使用"标记平面"来创建新的面。（   ）

9. 当考虑添加的块状支撑强度不足时，可以再加锥形支撑。（　　）

10. 热处理后支撑强度会变大。（　　）

三、实操题

1. 将 316L 不锈钢试样的致密度优化到 99%。

2. 完成牙冠和支架的打印。

3. 对轮胎模具添加不同类型的支撑，完成打印。

4. 设计一款不同类型的点阵结构并打印。

5. 自行设计一款三维模型，独立完成打印。

第三部分

立体光固化技术实训案例

项目7

立体光固化成型技术

项目描述

自从立体光固化成型技术出现以来，不少学者一直在提出新理论、新发明、新工艺方法，提高了该技术的制造水平，扩大了该技术的应用领域和应用范围。目前，该技术主要应用在新产品开发设计检验、市场预测、航空航天、汽车制造、电子电信、民用器具、玩具、工程测试（应力分析、风道等）、装配测试、模具制造、医学、生物制造工程、美学等方面。

本项目以大族激光的立体光固化打印设备 HANS-SLA-600 为例，介绍了涡轮叶片和发动机后轴的实训案例，使学生能够对立体光固化打印设备的基础操作流程、注意事项等进行系统的了解和认识，基本具备模型处理、支撑添加和熟悉设备操作的能力。

任务1 SLA 光固化 3D 打印设备

了解 HANS-SLA-600 光固化设备的成型原理、技术参数、优缺点、应用领域。

1）认识 SLA 光固化打印设备

HANS-SLA-600 是大族激光具有代表性的大型光固化打印设备，如图 7.1 所示，HANS-SLA-600 主要技术参数如表 7.1 所示。设备成熟度高、精度高、拥有范围广泛的功能性材料、直接成型，无须二次加工，可应用在医疗、建筑、工业、教育、文创、珠宝设计等多个领域。

图 7.1 HANS-SLA-600 光固化设备

表 7.1 HANS-SLA-600 主要技术参数

参数名称	参 数
设备外形尺寸（$W×D×H$）	1 500 mm×1 400 mm×1 920 mm
成型尺寸（$W×D×H$）	600 mm×600 mm×400 mm
加工层厚	50～15 μm 可调
能量源种类	3W 半导体泵浦紫外激光器
光斑直径	0.07～0.5 mm
设备重量	1 500 kg
打印效率	30 mm/h
成型精度	±0.1%（大于 100 mm）
电源要求	220 VAC，50/60 Hz，3 kVA，单向三线
连接方式	以太网接口，USB 接口
显示方式	10 寸触摸屏
数据格式	STL，SLC，JOB
加工材料	支持普通树脂和改性树脂等多种树脂材料打印

2）设备开关机说明

（1）开机流程。

步骤 1：通电。

①将机器电源插头插在已通电的 UPS 电源上，如图 7.2 所示。

②打开电源总开关（箭头朝上为打开电源），如图 7.3 所示。

图 7.2　接入电源插头　　　　　　　　图 7.3　打开电源总开关

步骤 2：打开激光器。

①打开激光器左侧电箱板，如图 7.4 所示。

图 7.4　电箱

②按亮激光器电源键并打开童锁（钥匙朝上即为开），如图 7.5 所示。

图 7.5　打开激光器电源

步骤 3：打开激光器软件。

①在设备主机桌面打开激光器软件 AOC NANO Controller，如图 7.6 所示。

图 7.6　进入 AOC NANO Controller 软件

②打开通讯激光器：在 Serial Port 窗口先点击"Search"，然后通过下拉箭头找到 COM5 端口，再点击"Connect"通讯，如图 7.7 所示。

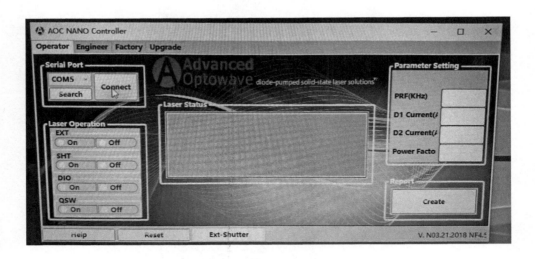

图 7.7　打开通讯激光器

③修改通讯模式：进入 Engineer 界面输出大写"AOC"，如图 7.8 所示；选择通讯模式为 15，并点击"Change"确认，如图 7.9 所示。

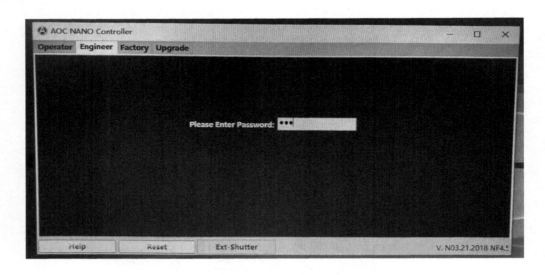

图 7.8　进入 Engineer 界面

④将 Laser Operation 选项从上往下依次点击选项"ON"，DIO 选项点击"ON"时会有 10～20 s 的短暂等待时间，如图 7.10 所示。

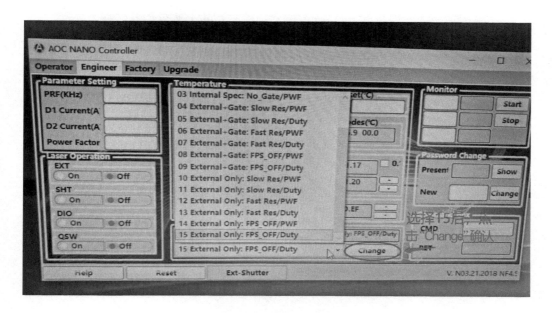

图 7.9　修改通讯模式

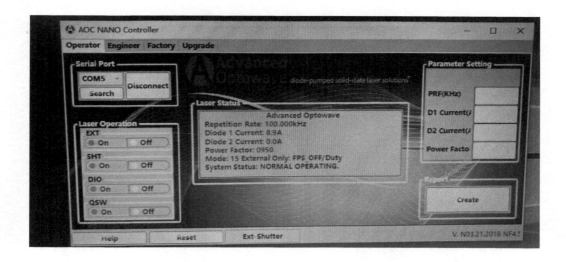

图 7.10　选择 Laser Operation

步骤 4：打开整机驱动。

①检查正面停止按钮是否按下，如有则旋转将其弹起。

②按下启动按钮，主电源通电，按钮上指示红灯亮，工控机显示器通电自启动，激光器通电。

③按下驱动按钮，保持 0.2 s，伺服驱动通电，按钮上蓝色指示灯亮。

④按下照明按钮，保持 0.2 s，成型室照明灯亮，按钮上蓝色指示灯亮，如图 7.11 所示。

图 7.11 打开整机驱动

步骤 5：打开打印设备控制软件。

①在设备主机桌面打开控制软件 KSBuilder。

②等待软件界面左下角液位值显示数值变化，如图 7.12 所示。至此开机完成。

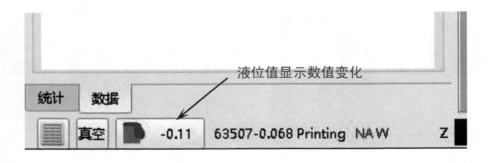

图 7.12 液位值

（2）关机流程。

步骤 1：无打印项目时即可关闭打印软件，在控制软件 KSBuilder 操作界面右上角点击"关闭"，弹出确认退出对话框点击"YES"。

步骤2：断开激光器通讯，具体操作如下。

①在激光器软件AOC NANO Controller界面将Laser Operation选项从下往上依次点击选项"OFF"，DIO选项点击"OFF"时会有10~20 s的短暂等待时间。

②点击Serial Port选项区的"Disconnect"。

③点击右上角"×"，关闭激光器软件。

步骤3：按下激光器控制箱上的电源键，关闭激光器电源。

步骤4：按下设备正面红色停止按钮，整机自动关掉驱动程序。

步骤5：将设备主机关机。

步骤6：关闭整机电源。将整机电源总闸开关箭头扭至朝左，然后拔掉电源插头，如图7.13所示。

至此整机关机完成。

3）设备操作注意事项

（1）每次制作完成后，应清理托板上的树脂固体残渣，并及时疏通堵塞的孔洞。

图7.13　关闭整机电源

（2）每隔三个月给刮刀导轨及Z轴导轨系统涂上润滑油，注意润滑油不要滴到树脂中。

（3）若导轨上溅上树脂，可用酒精擦拭干净。

（4）刮板上若有异物，应及时清理。

（5）当机器每次打印工件结束，做下次上机准备工作时，在控制软件KSBuilder快捷操作页面点击"移至清理刮刀"，检查并用铲刀清理刮刀底部，如图7.14所示。

（6）在设备做机械运动前，应先使刮刀回零，再执行下一指令，防止撞刀。

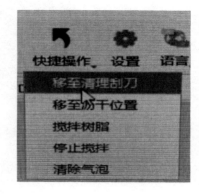

图7.14　清理刮刀

任务 2　KSBuilder 软件介绍

KSBuilder 软件是 SLA 光固化快速成型控制软件，通过控制激光，配合机械运动，激光聚焦到光固化材料表面，使之按照由点到线、由线到面的顺序凝固，周而复始，层层叠加构成一个三维实体。本任务介绍了 SLA 技术的切片软件 KSBuilder 的安装、升级、操作、常见问题的归纳说明以及日志说明。

1）软件安装与升级

把完整的程序文件拷贝到工控机上（一般放在 D 盘），直接运行 KSBuilder.exe 即可，无需安装。把升级包文件解压出来直接以覆盖的形式拷贝到程序文件上即可升级（147 以下版本升级到 147 以上版本要重新设置参数包里的参数，请务必记录好参数包里的参数）。

2）KSBuilder 的操作

（1）工具栏。

工具栏包括新建项目、加载数据、参数包、开始打印、停止打印、控制面板、设置等选项，如图 7.15 所示。

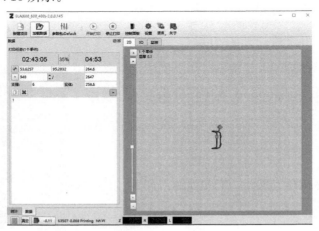

图 7.15　软件功能介绍

其中，"新建项目"是指清除已加载的数据（建议每次加工时都重启软件，不建议新建项目后直接加载数据制作）。

"加载数据"是指选择 SLC 文件导入 SLC 切片数据，导入完后在左边数据项目中记录着零件个数、打印层数等信息。

"参数包"选项主要设置扫描的速度、功率、线距、变光斑位置、预览等，如图 7.16 所示。

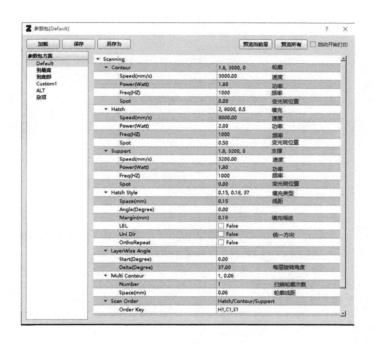

图 7.16　"参数包"内容

"设置"选项包括"通用-显示"（设置工具栏图标大小）、"通用-数据"（异步加载数据）、"通用-打印机"（设置手动速度，激光检测允许偏差）以及"详细"（调试人员根据不同的机型做参数修正，非调试人员请勿随意修改参数）等功能。

"控制面板"选项分为基本和高级，"基本"功能主要是控制网板、刮刀、平衡块移动以及激光出光。点击控制面板中的"高级"，可设置振镜、刮刀位置以及平台（Z 轴）的位置，如图 7.17、图 7.18 所示，控制面板高级选项的基本功能如表 7.2 所示。

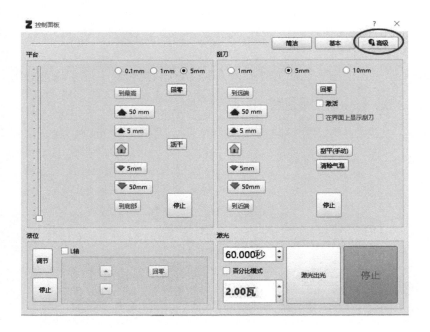

图 7.17　控制面板

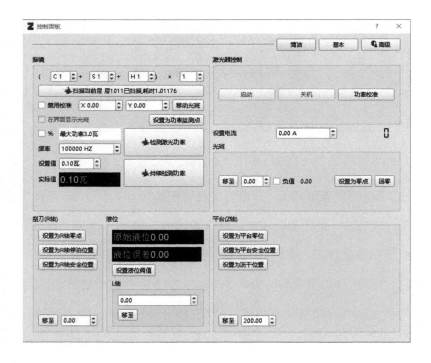

图 7.18　控制面板中的高级选项

表 7.2 控制面板高级选项基础功能

选 项	功 能
振镜	扫描当前层、检测激光功率、移动光斑等操作
刮刀（R 轴）	设置为 R 轴零点：刮刀到网板边缘时，刮刀到零位的距离
	设置为 R 轴停泊位置：刮刀零位
	设置为 R 轴安全位置：刮刀零位
平台（Z 轴）	设置为平台零位：起始加工位
	设置为平台安全位置：始刮平层，开始打件时平台下降，刮刀清除气泡
	设置为沥干位置：完成做件后升高的位置
	移至：所有的移动的距离都是绝对距离

（2）信息栏。

信息栏主要包含了数据信息显示，即已打印时间、打印进度、总层数、已打印层数、支撑高度、实体高度等。

（3）状态栏。

状态栏主要有真空泵工作状态，记录着网板、刮刀、平衡块的位置。

3）常见问题归纳说明

（1）打开设置参数长时间出现"加载中…"，请关闭软件，用记事本打开 KSBuilder \ settings \ Printer. dat 文件，找到 EnableVarSpot，把 1 改为 0，保存退出，重新启动软件，同时在参数里把 Laser \ LaserSpotDeviceType 的值改为 KSG01，若要启用变光斑装置，把 Printer \ EnableVarSpot 值改为 True。倘若问题依旧，请确认驱动是否打开，或确认扫描卡是否有问题，或确认 Scanner \ ScannerProgFile 和 Scanner \ ScannerCorFile 路径是否正确。

（2）电机无法控制运动，首先检查是否出现第一条的问题，然后检查驱动器驱动是否写入正确，是否报警，通讯线是否有问题。

（3）控制面板里无法控制激光出光，但打印却可以正常出光，或者出现打印零件倾斜一定的角度，请检查 Scanner \ ScannerProgFile 参数的固件路径是否正确（RTC3，RTC4）。

（4）刮刀刮平的边缘空白距离两边不对称，或者刮刀一边挡住激光扫描，请确认零件摆放方向和实际扫描方向是否一致，不一致请修改 Scanner \ Rotation 值。

（5）启动打印失败，首先查看树脂是否足够，如果液位正常，请查看日志；若出现"None RTC found"，请检查是否安装了扫描卡和驱动，或确认扫描头通信线是否有问题，也有可能是第一条问题所导致。

4）日志说明（logs 文件夹）

（1）3B877E _ 20190122 _ 222904. log：记录打印进度（当前层/总层）、打印过程报错信息等，其中"［@］"表示有错误，"［!］"表示有警告。

（2）resin _ level20190122 _ 222903. txt：记录打印过程中的 Z 轴和 L 轴的位置。

（3）3B877E _ Time _ precise _ 20190122235451203. log：精确记录着打印当前层、扫描当前层时间、液位调整时间、Z 轴移动时间、刮平时间、准备时间，打印完成后会得到各项的总时间。

任务 3 涡轮叶片

通过一个无需添加支撑的案例掌握软件和设备操作，了解后处理步骤。基本原理与激光选区熔化金属零件一致。

1）零件模型介绍

（1）三维模型。

涡轮叶片模型 876 底面为平面且悬垂叶片角度大于 45°，无须添加支撑打印，如图 7.19 所示。

（2）成型技术目标。

零件精度在 ±0.05 mm 之内。

2）成型材料介绍（见表 7.3）

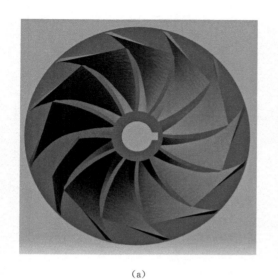
（a）

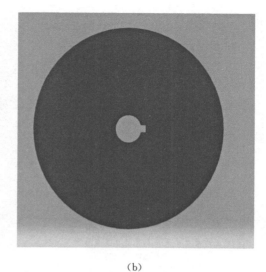
（b）

图 7.19　涡轮叶片模型

表 7.3　光敏树脂成分介绍

成分	低聚物、光引发剂、稀释剂
光源	特定波长的紫外光或激光

3）打印流程

（1）数据前处理。

步骤 1：将 STL 格式的模型文件导入 Materialise Magics 软件。

步骤 2：导入模型后，竖直放置在加工区域中心位置。

步骤 3：由于不需要添加支撑，直接选择合适的打印参数，生成 SLC 格式的切片文件。

（2）开机。

具体操作流程参考本项目任务 1 中设备开、关机说明。

（3）加工前准备工作。

步骤 1：调整树脂槽液位。

检查树脂副槽树脂量是否合适，通过控制软件 KSBuilder "控制面板" 功能使刮板回零，Z 轴回零，平衡块回零，检查软件左下角液位偏差 **-0.11** 是否在 2～3 的范围内，如不合适，请添加到合适偏差范围。

步骤 2：检测激光功率。

在"控制面板"的"高级"选项中设置激光功率为 2 W，并点击"检测激光功率"查看实际的值，与工程师提供的参考值做对比，低于参考值 0.15 W 请与工程师联系处理，如图 7.20 所示。

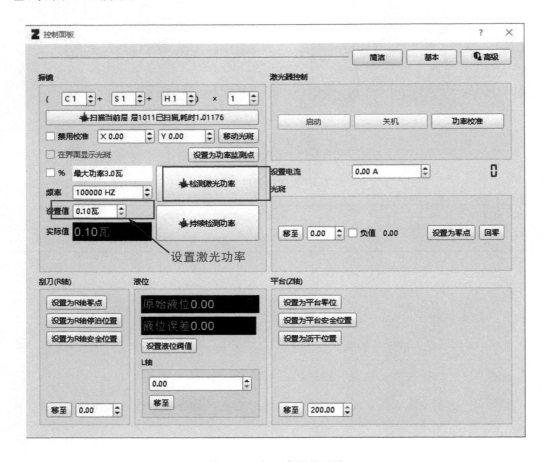

图 7.20　打开电源总开关

步骤 3：点击软件左下角"真空"选项，观察刮刀镜片里面是否有树脂。

（4）将 SLC 格式切片文件导入打印设备中，完成打印。

4）后处理工艺

步骤 1：取出成型件。

用薄片状铲刀插入成型件与升降台板之间，取出成型件。

步骤2：表面清洗。

由于成型件附有液态树脂，先用酒精清理，再用清水洗去成型件表面的残留酒精。

步骤3：后固化处理。

放入紫外灯箱中做进一步固化处理。

步骤4：打磨抛光。

用砂纸和锉刀进行打磨抛光，最后根据需求进行上色。

任务4　发动机后轴

通过一个需要添加支撑的光固化模型案例进一步掌握软件和设备的操作，了解后处理步骤。

1）零件模型介绍

如图7.21所示，后轴悬垂位置较多，需对不同位置添加合适的支撑。

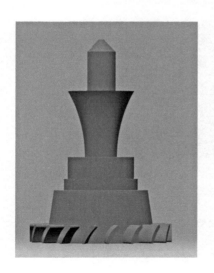

（a）　　　　　　　　　　　　　（b）

图7.21　发动机后轴三维模型

2）成型材料介绍

与该项目任务 3 涡轮叶片打印所使用的材料相同。

3）打印流程

步骤 1：将设计好的 STL 格式的模型文件导入 Materialise Magics 软件。

步骤 2：导入模型后，竖直放置在加工区域中心位置。

步骤 3：添加底垫支撑，让模型与升降台保持一定距离成型，也便于打印完成后取出实体模型。

步骤 4：添加框架及柱形支撑，如图 7.22 所示。框架支撑结构可对制件整体进行加固。柱形支撑一方面可防止制件在水平方向伸出的部分发生变形，同时也可防止成型过程中制件在升降台滑动。

图 7.22　添加支撑

步骤 5：选择合适的打印参数，生成 SLC 格式切片文件。

步骤 6：设备开机并完成加工前准备工作后，将 SLC 格式切片文件导入打印设备中，完成打印。

4）后处理工艺

步骤 1：取出成型件。

用薄片状铲刀插入成型件与升降台板之间，取出成型件。

步骤 2：去除支撑。

用剪刀和镊子将支撑去除。

步骤 3：表面清洗。

由于成型件附有液态树脂，先将制件浸入酒精中清洗，再用清水洗去成型件表面的残留酒精，然后用压缩空气将水吹除掉，最后用蘸上溶剂的棉签除去残留在表面的液态树脂。

步骤 4：后固化处理。

放入紫外灯箱中做进一步固化处理。

步骤 5：打磨抛光。

用砂纸和锉刀进行打磨抛光，最后根据需求进行上色。

练习题

1. 光固化成型使用什么光源？

2. 光固化成型试样的后处理步骤是什么？

参考答案

第一部分

1. SolidWorks、Creo、UG、CATIA 等。

2. 试样的实际密度与标准材料理论密度的比值。

3. 擦拭保护镜，维持清洁。

4. 测量基板上表面与基准平面的距离，以调整基板位置。

5. 略。

6. 致密度、硬度、拉伸强度、精度。

7. 导致零件局部翘起或塌陷。

8. 抛光后喷砂或电镀。

9. 优化工艺参数。

10. 前期数据处理误差、成型加工误差、后处理误差。

第二部分

一、问答题

1. 根据材料的导热率选择基板。

2. 块状支撑、线状支撑、锥形支撑。

3. 热处理、锯床切割。

4. 导致零件局部翘起或塌陷。

5. 支撑强度、支撑是否容易去除。

6. 纯钛，也可以使用钴铬合金。

7. 激光功率、扫描速度、扫描间距。

8. 方便去除支撑。

9. 传统汽车制造零部件要先通过铸造模具，采用这种方式研发新零件不仅时效性低，而且成本高。而通过增材制造技术可以制造新零件并测试快速响应，大大提高企业研发效率，降低研发成本。

10. 1 350～1 385 ℃，1 678 ℃。

11. 在保证相同强度下零件总体积大幅度降低，实现了目标轻量化。

12. 氩气、氮气。

二、判断题

1—5. ×　√　×　×　×　　　　　6—10. ×　√　×　√　×

三、实操题

略。

第三部分

1. 特定波长的紫外光或激光。

2. 铲除零件、清洗零件、加固、打磨抛光。

参考文献

[1] 李文竹，张勇，李策. 3D 打印技术的研究现状与发展趋势综述 [J]. 数码世界，2020，175
    (05)：14.

[2] 许洋. 金属 3D 打印技术研究综述 [J]. 中国金属通报，2019 (02)：104-105.

[3] 陈杰. 光固化快速成型工艺及成型质量控制措施研究 [D]. 济南：山东大学，2007.

[4] 朴芳妤. 3D 打印技术在口腔医学中的应用研究 [J]. 世界最新医学信息文摘，2019，19
    (43)：150.

[5] 李洪军. 3D 打印技术在口腔医学中的应用现状 [J]. 临床医药文献电子杂志，2018，5
    (A4)：237.

[6] 韦怡. 选区激光熔化成型随形水路模具的试验研究 [D]. 长沙：湖南大学，2019.

[7] 王迪，杨永强，刘睿诚，等. 一种具有随形冷却水路注塑模具的复合制造设备：中国，
    201310325261.6 [P]. CN203509463U，2013-12-4.

[8] 吴复尧，刘黎明，许沂，等. 3D 打印技术在国外航空航天领域的发展动态 [J]. 飞航导弹，2013
    (12)：10-15.

[9] 唐雁宇. 3D 打印技术在航空航天领域应用浅析 [J]. 中国设备工程，2016 (11)：123-123.

[10] 蔡昊松，陈鹏，苏瑾，等. 高温激光选区烧结聚醚醚酮/钽/铌点阵结构的力学性能研究 [J]. 航
    空制造技术，2021，64 (15)：52-57.

[12] 王冲，王强龙，陈苂生，等. 基于拓扑优化的金属反射镜设计及增材制造 [J]. 长春理工大学学
    报（自然科学版），2021，44 (04)：13-18.

[13] 郭南辛. 三维柔性机构的拓扑优化设计及增材制造方法研究 [D]. 长春：中国科学院大学（中国
    科学院长春光学精密机械与物理研究所），2021.

[14] 莫健华. 液态树脂光固化增材制造技术 [M]. 武汉：华中科技大学出版社，2013.